京津冀、长三角和珠三角地区战略环境评价系列丛书

京津冀地区
战略环境评价研究

汪自书　刘　毅　李王锋　主编

中国环境出版集团·北京

图书在版编目（CIP）数据

京津冀地区战略环境评价研究/汪自书，刘毅，李王锋主编. —北京：
中国环境出版集团，2021.3
（京津冀、长三角和珠三角地区战略环境评价系列丛书）
ISBN 978-7-5111-4629-8

Ⅰ．①京…　Ⅱ．①汪…②刘…③李…　Ⅲ．①战略环境评价—研
究—华北地区　Ⅳ．①X821.22

中国版本图书馆 CIP 数据核字（2021）第 048993 号

审图号：GS（2020）6179 号

出　版　人　武德凯
责任编辑　侯华华
责任校对　任　丽
封面设计　宋　瑞

出版发行　**中国环境出版集团**
　　　　　（100062　北京市东城区广渠门内大街 16 号）
　　　　　网　　址：http://www.cesp.com.cn
　　　　　电子邮箱：bjgl@cesp.com.cn
　　　　　联系电话：010-67112765（编辑管理部）
　　　　　　　　　　010-67112735（第一分社）
　　　　　发行热线：010-67125803，010-67113405（传真）
印　　刷　北京中科印刷有限公司
经　　销　各地新华书店
版　　次　2021 年 3 月第 1 版
印　　次　2021 年 3 月第 1 次印刷
开　　本　889×1194　1/16
印　　张　11
字　　数　280 千字
定　　价　96.00 元

《京津冀地区战略环境评价研究》

编　委　会

主　编： 汪自书　刘　毅　李王锋

参　编： 曾思育　李　巍　徐洪磊　王自发　许开鹏　马　丽

　　　　　王军玲　温　娟　邢书彬　张嘉琪　谢　丹　李洋阳

　　　　　向伟玲　孙　傅　迟妍妍　张　帆　郑超蕙　江　楠

　　　　　赵翌晨　邹　迪　高　勤　李　倩　王春艳　幸健萍

　　　　　袁　强　李天魁　冯梦南　卢熠蕾

　　京津冀地区是我国经济社会发展程度最高、最具国际竞争力的地区之一，也是国家区域
发展战略的重要指向区。在经济社会发展进入新常态的背景下，京津冀地区将以协同发展战
略为核心，深化北京市非首都功能疏解，加快雄安新区、北京城市副中心建设，推动以首都
为核心的世界级城市群建设，在国家和区域经济发展格局中扮演重要角色，肩负起率先垂范
的国家战略责任。京津冀地区自然禀赋先天不足，是我国水资源供需矛盾最突出、大气污染
最严重、水生态环境极度恶化的地区，城市复合型生态环境问题日渐突出，人居环境安全受
到威胁。在国家新型城镇化建设和产业转型升级等政策的支撑下，随着京津冀地区世界级城
市群的建设和京津冀协同发展等重大战略的实施，京津冀地区的开发规模与强度将进一步加
大，区域发展与资源环境的矛盾将进一步显现，其经济、社会可持续发展面临着更加严峻的
资源环境约束。

　　为缓解重点城市群地区发展规模与资源环境承载能力、重点区域开发与生态安全格局之
间的矛盾，进一步优化生产力布局，规范国土空间开发，统筹水土资源和环境资源配置，探
索区域生态文明建设和绿色发展道路，促进经济社会与环境协调可持续发展，生态环境部组
织开展了三大地区战略环境评价工作，旨在贯彻"五位一体"总体布局要求，深化落实生态
文明建设的途径、措施和机制，推动供给侧结构性改革和经济社会发展绿色转型；紧紧围绕
改善区域环境质量和确保人居环境安全两大任务，补齐全面建成小康社会的生态环境短板，
实现环境治理体系和治理能力现代化，全力推动生态文明和美丽中国的建设。

　　京津冀地区战略环境评价项目（以下简称京津冀项目）是三大地区战略环境评价项目的
分项目之一，2014 年 8 月开始前期调研工作，2015 年 1 月正式启动。项目技术牵头单位为清华
大学，联合了国家和地方科研单位组成技术工作组，主要参与单位包括北京清华同衡规划
设计研究院有限公司、中国科学院地理科学与资源研究所、中国科学院大气物理研究所、生
态环境部环境规划院、交通运输部规划研究院、北京师范大学、北京市环境保护科学研究院、
天津市环境保护科学研究院、河北省环境科学研究院等。在为期 3 年的项目研究过程中，技
术工作组开展了基础数据收集、现场调查、技术攻关等工作，先后参与了环境保护部组织的
技术方案评审、阶段评估及多次重大专题研讨会，与京津冀三省（市）相关部门、市（区）
政府等进行了多次对接和沟通，2017 年 7 月形成最终成果，并通过了环境保护部组织的专家
验收。

　　京津冀项目在区域资源环境现状调查和规划梳理分析的基础上，根据京津冀协同发展战

略要求和区域生态环境功能定位，从大区域统筹、多要素耦合、跨介质协同的角度，全面分析京津冀地区区域生态系统和环境质量变化的历史趋势和主要特征，识别重大环境问题与关键约束，预测区域生态环境质量变化趋势和人居环境安全风险，系统评估区域生态环境综合承载力状态变化及其空间特征，明确生态保护红线、环境质量底线、资源利用上线和生态环境准入清单（以下简称"三线一单"）生态环境分区管控要求，提出区域绿色转型发展和环境保护对策建议，并明确了区域生态环境保护一体化的长效机制。京津冀项目集成了大区域尺度战略环境评价研究的相关成果，探索了大区域尺度"三线一单"的划定方法，是提高战略环评有效性、完善战略环评技术方法的重要实践，也是创新环评管理的有益尝试。

本书内容为京津冀项目的主要研究成果。全书共十章：第一章介绍工作背景、战略环境评价的总体设计框架及重点内容；第二章从区域发展战略和生态环境两个角度梳理区域的功能定位；第三章、第四章和第五章分别阐述了区域经济社会发展特征与演变趋势、生态环境质量演变趋势及现状问题，并系统识别了经济社会发展与生态环境质量的耦合关系；第六章基于京津冀协同发展战略，设定了未来评价的发展情景方案；第七章对区域内中长期生态环境问题进行了预测和评估；第八章对区域发展生态空间与资源环境综合承载力进行了深入分析，并明确了"三线一单"管控要求；第九章和第十章从生态环境保护角度提出了未来协同发展、绿色转型的调控建议，并明确了区域生态环境保护一体化的长效机制。

京津冀项目的实施和本书的编辑整理过程得到了生态环境部，北京市、天津市和河北省人民政府及生态环境厅（局）等有关部门的大力支持，得到了项目专家顾问团队的悉心指导，谨此向他们表示诚挚的谢意！

编者

二〇二〇年八月

目 录

第一章

总　论

第一节　工作背景

京津冀地区是国家区域发展战略的重要指向区，是我国"十一五"规划最早确定的三大城市群之一。国家"十二五"规划明确提出涵盖京津冀地区的"首都经济圈"概念，将京津冀协同发展提升到国家战略的高度。党的十八大后，党中央、国务院高度重视京津冀地区发展，2014 年 3 月发布的《国家新型城镇化规划（2014—2020 年）》提出了将京津冀地区建设成为世界级城市群的发展目标，2015 年 4 月《京津冀协同发展规划纲要》正式通过中共中央政治局会议审议，推动京津冀协同发展正式成为重大国家战略。2017 年 4 月，为进一步贯彻落实京津冀协同发展战略，以习近平同志为核心的党中央作出了设立雄安新区的重大决策部署，旨在集中疏解北京非首都功能，探索人口经济密集地区优化开发新模式，调整优化京津冀城市布局和空间结构，培育创新驱动发展新引擎。同时，我国正通过加快经济高质量发展转型和产业升级，推动新型城镇化和农业现代化发展，实现经济建设、政治建设、文化建设、社会建设和生态文明建设"五位一体"的总体布局和"四个全面"的战略布局。京津冀地区应通过推动区域协同发展，落实创新、协调、绿色、开放和共享五大发展理念，率先实现区域绿色转型发展，全面改善区域生态环境质量，建设以首都为核心的世界级城市群和区域整体协同发展改革引领区、全国创新驱动经济增长新引擎和生态环境修复改善示范区。

京津冀地区是北方生态文明建设先行区和重要的生态环境治理区。在全国生态功能区划中，京津冀地区是我国北方人居环境重要保障区，兼具重要的防风固沙、水源涵养和水土保持功能，是华北平原和环渤海地区的重要生态屏障区。与此同时，国家通过推动生态文明建设，发布《水污染防治行动计划》《大气污染防治行动计划》《土壤污染防治行动计划》，实施流域水环境综合治理和渤海湾海洋环境保护等战略措施，加大京津冀地区生态保护、资源环境调控与环境污染治理力度。改善京津冀地区环境质量、维持区域生态安全和保障公众健康，既是落实国家发展战略的重要保障，也是维持区域生态环境功能和改善人居环境的战略需要。

京津冀地区面临局地气象扩散条件不佳和大气污染区域传输、区域降水不均和水文条件不利及流域生态水量减少等多重约束。由于区域经济快速增长与重工业化特征显著，城镇化速度较快，区域内部发展水平差距较大。京津冀地区复合型大气污染严重，水资源开发长期透支和水环境持续恶化并存，区域开发强度加大会进一步危害生态安全，环境风险突出威胁人居环境安全，区域环境管理体系尚未建立。京津冀地区人口密集、城镇和工业集聚，2015年该地区以全国2.3%的国土面积承载了全国8.1%的人口和10.2%的地区生产总值，是我国经济活动最活跃的地区之一。但是，京津冀地区内部经济社会发展水平差异显著，区域不平衡加剧，人口过度集中，产业结构偏重和同构化现象严重，这些都进一步加剧了资源供需矛盾和环境污染状况，导致区域资源供给、生态安全和环境质量面临巨大冲击。缓解京津冀地区发展面临的核心矛盾，确保经济社会发展与资源环境保护的协调可持续，是实现国家战略发展目标的基本前提。

开展京津冀地区战略环境评价，突破地方行政框架，以更宏观的视角、更长的时间尺度和更大的空间尺度，对该地区发展的资源环境合理性进行全面诊断和系统评估。通过战略环境评价处理好城市群发展规模与资源环境承载能力、重点区域开发与生态安全格局之间的矛盾，探索区域生态文明建设和绿色发展道路，促进经济社会与环境协调可持续发展，既是区域生态文明建设的战略需要，也是实现京津冀地区未来发展目标的必然要求，对于科学指导京津冀协同发展、实现非首都功能疏解和世界级城市群建设等国家战略具有重要意义。

根据党中央、国务院简政放权精神和精简项目前置审批文件要求，战略环评工作是贯彻"预防为主"方针、推动环境保护参与宏观决策的重要抓手，是深化环评管理体制改革的重要手段。开展京津冀地区战略环评工作，继续深化和完善战略环评的技术方法体系和管理实施路径，落实"三线一单"生态环境分区管控的基本要求，优化国土空间开发格局，探索区域污染物排放总量控制与减排路径，严格产业准入源头控制，预防环境风险，改善环境质量，将进一步提高战略环评的有效性和宏观指导作用，为深化环评管理体制提供支撑。

第二节　总体思路与目标

一、工作目标

本研究的工作目标：围绕国家推动京津冀地区协同发展的战略目标的总体部署，以改善区域生态环境质量为核心，综合研判区域生态环境现状及中长期趋势，遵循"生态红线优布局、行业总量控规模、环境准入促转型"的基本原则，以"三线一单"为抓手，构建区域生态环境分区管控体系，提出京津冀地区国土空间优化、经济绿色转型、资源环境协调发展和环境综合治理的调控对策，制定区域生态环境战略性保护总体方案，为建设生态修复环境改善示范区、完善生态文明制度体系提供支撑，为区域发展重大决策提供科学参考。

二、基本原则

本研究的基本原则：

（1）坚持生态优先，贯彻生态文明理念，正确处理区域发展与生态环境保护的关系，以改善区域生态环境质量为核心，在《大气污染防治行动计划》《水污染防治行动计划》《土壤污染防治行动计划》的基础上强化管控措施，践行最严格的环保要求，推动构建绿色转型发展的新模式和空间协调发展的新格局。

（2）坚持目标导向，以资源环境承载能力为前提，以"三线一单"为手段，落实空间、总量、准入管控硬约束，实施区域生态环境战略性保护。

（3）坚持区域统筹，健全流域上下游生态补偿和区域污染联防联控体系，加快多污染物和多环境要素协同治理，制定实施区域统筹的差别化生态环境管控对策和治理措施。

（4）坚持机制创新，探索跨区域协同、多部门联动的生态环境管理机制，实施基于"三线一单"的生态环境管理机制，深化区域一体化的环境监督、考核和联防联控体系。

三、总体思路

本研究的总体思路：以改善区域生态环境质量为核心，在深入分析京津冀协同发展战略的基础上，对研究区域产业发展历程、城镇化发展历程和生态环境现状与趋势进行评估，识别经济社会发展特征及与生态环境的耦合关系，辨识产业发展、城镇化与生态环境的重大问题及相互影响制约状况；分析区域资源与环境的综合承载能力并识别其空间分布特征，基于区域发展战略情景，预测分析区域中长期环境影响和潜在生态环境风险对关键生态功能单元和环境敏感目标的长期性、累积性影响，以经济社会发展与资源环境矛盾最突出的关键区域、行业和单元为重点，明确"三线一单"管控要求，提出资源环境协调发展、生态环境综合治理、重点地区协同发展与一体化管控等方面的对策建议，制定落实"三线一单"的中长期环境管理对策，尝试构建跨区域、跨部门、跨介质协同的生态环境战略性保护方案，推动形成有利于节约资源和保护环境的空间格局、产业结构、生产方式、生活方式和制度体系，促进生态环境质量全面改善，将京津冀地区建设成为我国生态修复环境改善的示范区。研究框架如图1-1所示。

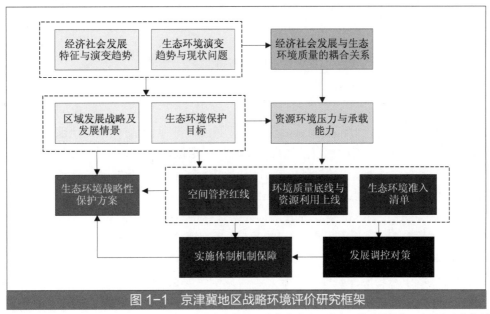

图 1-1　京津冀地区战略环境评价研究框架

注：根据区域战略环境评价任务要求，本评价报告在生态保护红线的基础上，结合环境质量管控、人居安全管控划定区域生态环境保护的综合空间管控红线体系。

四、环境保护战略目标

京津冀地区环境保护总体目标：以区域环境质量改善为核心，推动环境保护机制体制创新，确保人居环境安全。到 2035 年，京津冀地区生态环境根本好转，人居环境安全得到有效保障。

京津冀地区环境保护目标具体包括：

（1）加强重要生态敏感区保护，完善区域生态保护红线。2020年，重要生态保护空间面积比例达到50%以上，其中，生态保护红线区面积比例不低于31.5%，自然岸线长度不少于 115 km、占比达到20%以上。

（2）以环境质量改善为核心，明确区域环境质量底线。2020 年，细颗粒物（$PM_{2.5}$）年均浓度不高于 60 $\mu g/m^3$，北京及保定北部（含雄安新区）低于 55 $\mu g/m^3$；区域内臭氧（O_3）污染不恶化。2035 年，空气质量总体达标，90%以上人口处于达标区域，首都"一体两翼"地区 $PM_{2.5}$ 年均浓度力争不高于 25 $\mu g/m^3$，O_3 年均浓度达标。2020 年，京津冀地区劣 V 类水体断面比例下降至 30%以内，地级及以上城市建成区基本消除黑臭水体，地级及以上城市集中式饮用水水源水质达到或优于 III 类比例为 100%，地下水基本实现采补平衡，白洋淀水体达到地表水 IV 类标准，近岸海域水质优良（一类、二类）比例达到 70%左右。2035 年，流域水生态环境状况根本好转，基本实现水环境功能区达标，白洋淀水体达到地表水 III 类标准，地下水水位全面回升，生态流量得到总体保障。

（3）强化水资源和能源消费管控，严守区域资源利用上线。2020年和2035年区域生态用水总量分别不低于 16.8 亿 m^3 和 35 亿 m^3。2035 年，工业用水零增长，农业用水至少压减 20 亿 m^3。区域煤炭消费总量实现负增长，2020 年，京、津、冀煤炭消费量占比分别控制在 10%、50%和62%以下，总量控制在 3.2 亿 t 以内；2035 年，区域煤炭消费量占比不高于 40%。

第三节　评价范围与时限

京津冀地区战略环境评价范围涵盖北京、天津和河北省 3 个省（市）全部城市，研究区国土面积为 21.6 万 km^2。根据区域自然地理特征及功能定位，将评价范围划分为不同子区域，包括中部核心功能区、东部滨海发展区、南部功能拓展区和西北部生态涵养区。上述子区域的涵盖范围、城市定位和重点产业特征如表 1-1 和图 1-2 所示。

本次评价以 2016 年为基准年（部分现状数据有更新，部分污染源统计数据为 2015 年），回顾性评价回溯至 2006 年。近期评价到 2020 年，远期评价到 2035 年。

综合区域和流域污染传输、水资源调配和能源输送通道等对区域内资源环境承载能力的影响，结合对区域生态功能完整性的考虑，本研究确定要素评价范围如下：大气环境影响评价要考虑大区域尺度上的污染传输，研究范围扩大到山东、山西和内蒙古等地；水资源利用和水环境影响评价要考虑到南水北调工程和流域跨境、跨界影响；生态影响评价要考虑到京津风沙源治理工程区、三北防护林工程区及燕山—太行山生物多样性保护功能区的整体性。

表 1-1　京津冀地区战略环境评价子区域及发展特征

子区域	涵盖范围	城市性质和定位	重点产业
中部核心功能区	北京、天津（不含滨海新区）、廊坊、保定	北京：全国政治中心、文化中心、国际交往中心、科技创新中心 天津：全国先进制造研发基地、北方国际航运核心区、金融创新运营示范区、改革开放先行区 廊坊：区域中心城市，承接非首都功能 保定：以先进制造业和现代服务业为主的京津冀地区中心城市	高新技术、电子信息、装备制造、物流、新能源
东部滨海发展区	秦皇岛、唐山、天津滨海新区、沧州	秦皇岛：滨海旅游度假城市 唐山：京津冀东北部副中心 滨海新区：北方对外开放门户，现代制造业和研发转化基地，北方国际航运中心和国际物流中心 沧州：河北重要增长极	装备制造、金属冶炼、能源、石油化工、生物医药
西北部生态涵养区	张家口、承德	张家口：冀西北地区中心城市 承德：国家历史文化名城，山水园林城市，区域中心城市	商务休闲、旅游、新能源、装备制造
南部功能拓展区	石家庄、衡水、邢台、邯郸	石家庄：京津冀地区中心城市 衡水：京津冀区域绿色农产品供应加工基地和特色产业基地 邢台：国家重要的制造业基地与产业创新转型示范区 邯郸：国家历史文化名城，河北省南部地区中心城市	装备制造、生物医药、纺织、电子信息

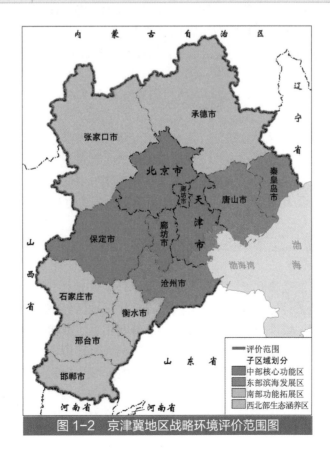

图 1-2　京津冀地区战略环境评价范围图

第四节 评价的重点内容

一、区域发展战略定位与生态环境功能定位分析

本研究根据国家区域协调发展总体战略和主体功能区战略，通过梳理区域经济社会发展的国家战略和区域经济社会发展规划、资源能源等重点产业发展规划、生态环境保护规划等，分析未来京津冀地区的区域发展战略定位和生态环境功能定位。在此基础上，本研究结合京津冀地区协同发展、建设世界级城市群、雄安新区和北京城市副中心建设等发展目标，明确区域内各地发展特征与功能分工，识别区域生态环境保护的战略任务。

二、区域经济社会、生态环境现状特征与趋势分析

本研究深入分析京津冀地区经济社会发展现状、发展阶段和发展态势，判定区域重点产业的现状特征及发展趋势，分析城镇化的规模、结构、布局等特征及历史演变。基于现状调研和生态环境大数据分析，本研究构建区域长时间序列的资源能源利用、污染排放和生态环境质量的基础数据系统，全面分析区域生态系统和大气、水、土壤环境质量现状及历史变化趋势，辨识区域发展中的重大生态环境问题及关键制约因素。

三、区域经济社会发展与生态环境质量耦合关系分析

本研究以生态环境现状评价为基础，结合区域经济社会发展特征识别的结果，分析区域资源环境、生态系统演变历程和社会经济发展变化趋势之间的耦合关系；以行政区、主要流域和自然地理为单元，结合重点区域资源环境现状和关键性制约因素，解析经济与环境协调发展水平以及存在的主要矛盾，研究区域生态环境演变的驱动力和作用机制。

四、区域中长期环境影响预测与挑战分析

本研究根据区域发展战略和经济社会发展趋势，开展世界典型城市群对比分析，在实现京津冀协同发展规划相关目标的基础上，分别设计京津冀地区经济发展与重点行业情景、人口与城镇化情景，预测区域未来发展中水资源和能源利用、主要污染物排放的变化趋势，基于环境系统模拟和中长期环境风险评估等方法预测区域大气环境、水环境质量和生态系统的变化趋势，评估区域人居环境安全风险特征，识别影响区域生态系统和环境质量持续改善的关键约束。

五、区域资源环境承载力评估与"三线一单"管控

本研究根据区域经济社会发展水平和资源环境禀赋，分析评估京津冀地区水环境、大气环境承载力利用水平和水资源空间分布特征，评价区域资源环境综合承载能力并分析其空间分布特征。本研究根据各地的发展趋势及资源环境承载情况，以实现生态环境质量改善为目标，以经济社会发展与资源环境矛盾最突出的关键区域、行业和单元为重点，明确提出"三线一单"管控要求。

六、区域绿色转型发展和环境保护对策建议

本研究根据京津冀地区经济社会发展和资源环境承载力水平，提出京津冀地区优化国土空间和生产力布局、推动绿色转型发展和精细化管控的优先领域及重点任务。围绕改善生态环境质量的核心，以实现京津冀协同发展为目标，遵循"生态红线优布局、行业总量控规模、环境准入促转型"的基本原则，本研究明确了资源环境协调发展、生态环境综合治理、重点地区协同发展与一体化管控等方面的对策建议。

七、区域生态环境保护一体化的长效机制

以京津冀协同发展战略为指导，本研究提出区域生态环境质量改善的落地保障措施，制定落实"三线一单"的中长期环境管理对策，构建生态环境大数据综合平台，积极探索跨区域、跨部门、跨介质协同的生态环境保护一体化模式，探索建立以生态环境保护优化经济发展的长效机制。

第五节　评价的技术方法与数据来源

一、评价技术方法

本研究以大区域尺度战略环境评价的共轭梯度理论框架为指导，重点考虑区域发展宏观战略的模糊性以及实施过程中的不确定性，以区域和行业为评价对象，围绕区域发展的规模、结构、布局三大核心问题，系统模拟和评估在社会经济复杂系统驱动下，生态环境系统可能的变化响应，以及各种潜在生态环境影响的传递和累积；以生态环境安全为底线，识别可接受的环境影响底线和生态风险阈值，以此为约束目标研究区域经济社会系统结构调整和布局优化的调控方案，促进产业发展由粗放式增长、无序扩张向集约化发展、有序布局转变，针对减缓影响和规避风险并综合考虑经济可持续性和社会稳定性，提出科学决策和对策建议。

在这一框架指导下，本研究综合运用产业经济分析、情景分析、中尺度环境系统模拟、

承载力分析等技术方法，对区域复杂社会经济系统及其环境响应变化进行综合分析、预测和评估，并划定"三线一单"。其中，产业经济发展与情景分析的重点在于判定北京、天津、河北两市一省未来经济的基本特征和演变规律，提出具有代表性的发展趋势情景，为环境影响预测提供基线情景方案。区域环境系统模拟根据战略环境评价的目标和要求，应用中尺度大气模式来模拟和评估未来经济社会驱动下环境系统可能的变化和响应。为重点分析交通运输和港口运输的影响，本研究开展货运交通及港口船舶污染物排放分析，基于排放因子、公路交通数据以及船舶活动数据，分析重点区域的高排放车和交通枢纽带来的环境影响，以及主要港口船舶污染物排放的精细化时空分布特征、物种特征与粒径分布特征，评估海域环境风险。资源环境承载力分析研究各类资源环境要素对于区域发展的空间约束和总量约束，并在单要素基础上进行集成，从而对区域综合承载力条件及其利用水平进行整体性辨识。本研究遵循战略环评总体思路，在研究经济社会发展与资源环境耦合关系，以及分析区域开发布局与生态安全格局、结构规模与资源环境承载两大矛盾演变态势的基础上，探索了大区域尺度"三线一单"的划定方法。以下重点讨论本研究采用的部分模型方法。

（一）区域产业系统影响辨识的三角形评估框架

本研究以产业规模、产业结构、产业布局三个基本要素构成评价对象产业三角形，以资源效率、工程技术、土地利用三个维度构成影响因素三角形，以资源禀赋、环境容量、生态空间构成约束三角形，构建区域产业系统影响辨识的三角形评估框架（见图1-3），明确了"产业布局—土地利用—生态空间""产业结构—工程技术—环境容量""产业规模—资源效率—资源禀赋"的产业系统评价三个重点，以及空间准入、效率准入、环境准入三项产业环境监管要求，建立了产业经济与资源环境耦合关系研究的基本方法学路径。这一框架还须结合技术经济、计量分析、空间分析、承载力分析等理论和方法，从实践应用角度进一步推演可计算模型、主要变量和适用条件等。

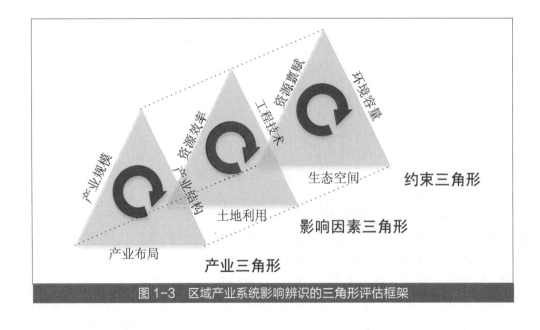

图 1-3 区域产业系统影响辨识的三角形评估框架

（二）规模结构情景分析法

情景分析法是在推测的基础上，对可能的未来情景加以描述，同时将一些有关联的单独预测集形成一个总体的综合预测方法。情景分析法广泛应用于各类环境问题的研究，是解决复杂系统问题不确定性的有效方法。

本研究通过大量历史数据的分析，结合区域产业和城镇化布局模拟模型，设计经济发展与重点行业情景和人口与城镇化情景。其中，经济发展与重点行业情景设计重点考虑京津冀协同发展规划，所有的经济增速与三次产业结构调整、产业发展方向、布局以及主要产品的产能都以实现《京津冀协同发展规划纲要》为目标，对 2020 年、2035 年京津冀地区未来经济和产业发展的主要模式和可能的规模进行预测，是大气、水和生态等专题分析的基础。本研究通过对国内外主要城市群城镇化发展历程的回顾及比较分析，结合实地调研，系统梳理国家、区域、各城市（区）、新区空间发展规划研究、新型城镇化规划、"十三五"规划建议、城市总体规划等资料，采用分区分类的方法设计京津冀地区各城市人口和城镇化情景，即对于以自然增长为主的城市和地区遵循其人口增长规律；对于政策干预较强的地区，以人口调控政策的导向为主；对于未来重点发展的地区，以地方发展意愿为主。对于环首都地区，人口与城镇化情景设计将细化到县、市、区。

（三）中尺度大气模式模拟

中国科学院大气物理研究所王自发研究员等主持开发的嵌套网格空气质量模式——NAQPMS，是充分借鉴吸收国际上先进的天气预报模式、空气质量模式的优点，结合中国各区域、城市的地理、地形环境、污染源的排放资料等特点建立的三维欧拉化学传输模式。NAQPMS 模式中利用双向嵌套技术成功实现多尺度的数值模拟，可同时计算出多重区域的污染物浓度，并且充分考虑污染物区域输送，适用于区域—城市尺度的空气质量模拟和污染控制策略评估。该模式包括平流扩散模块、气溶胶模块、干湿沉降模块、大气化学反应模块等物理化学过程模块，各模块均提供了多种机制方案，可根据研究目的选择合适的方案，目前可供选择的方案包括耦合液相化学机制及一维诊断云模式、干沉降方案、湿沉降方案、颗粒分谱方案、化学反应机制。该模式发展出一套独特的污染来源与过程跟踪在线分析模块，突破大气物理化学过程的非线性问题，跟踪大气复合污染过程，实现了污染来源的反向追踪与定位，建立了一种大气污染来源与过程分析的新技术手段，为评估污染物区域和行业贡献提供了更为科学的研究工具。该模式实现了高效能并行计算和高度自动化的脚本控制，有效地节约了计算时间。

NAQPMS 被广泛应用于研究区域—城市尺度的空气污染问题（如灰霾、沙尘输送、酸雨、污染物的跨国输送等）。NAQPMS 参与了东亚大气化学输送模式比较计划（MICS—Asia），模式模拟效果得到了广泛认同。该模式连续 3 年为我国台湾地区春季沙尘密集观测计划提供实时预报服务。目前，已有生态环境部环境监测总站及北京、上海、广州、深圳、郑州、沈阳、成都等地的生态环境部门利用该模式进行空气质量业务预报，可较好地满足业务预报的时效性和准确性需求。NAQPMS 被选入参与 2008 北京奥运会、2010 上海世博会、2010 广州亚运会、2011 西安世园会、2013 成都财富全球论坛等空气质量保障工作与污染控制策略评估任务，为制定污染控制方案提供了科学依据。2009 年，NAQPMS 开始应用于战略环境影响评价和规划环境影响评价，包括环渤海沿海地区战略环境影响评价项目、西南地区战略环境影响评价项目、长江中下游城市群战略环境影响评价项目，为科学评估社会和经济发展对大气环境的影响提供了可靠的科学工具。

　　根据区域战略环评的要求，充分考虑京津冀地区区域和城市污染物输送特点，本次战略环评中，NAQPMS 共设置三重嵌套区域（见图 1-4）。第一层区域覆盖了中国及周边一些国家，网格分辨率为 45 km，网格数为 182（东西向）×172（南北向）；第二层区域（d02）覆盖了中国东部地区，分辨率为 15 km，网格数为 243（东西向）×267（南北向）；第三层区域（d03）覆盖了京津冀及周边地区，主要考虑了京津冀与周边省市污染物相互输送影响，确定为内蒙古—辽宁以南、山东以西、河南以北、山西以东地区，分辨率为 5 km，网格数为 300（东西向）×249（南北向）。NAQPMS 采用 Sigma—Z 地形追随坐标系，垂直方向不均匀地分为 20层，其中 2 km 以下划分为 8 层，模式层顶高度为 20 km。

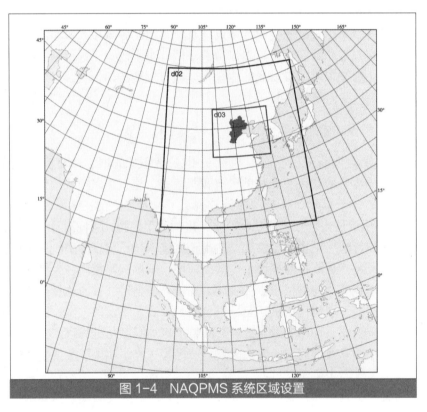

图 1-4　NAQPMS 系统区域设置

（四）交通运输发展与区域大气环境影响评估方法

　　本研究通过预测不同交通运输活动情景下的交通大气污染物排放量，分析京津冀交通一体化进程对大气环境的影响。首先，评估交通运输活动的大气污染物排放量。然后，以评估得到的大气污染物排放量为基础，对京津冀一体化带来的空气质量影响进行研究。研究的方法要点包括：①建立适用于京津冀区域的公路、港口货物运输状况和运输车辆、船舶技术参数的大气污染物排放因子库，构建区域交通运输大气污染物排放清单，评估京津冀区域的交通运输大气污染物排放现状。②在京津冀一体化带来的交通大气污染物排放变化的基础上，研究提供区域交通方面的污染物排放量变化数据，与大气专题开展合作，评估预测京津冀区域未来的大气环境质量。③从交通量分布引导、运输方式优化和排放因子等多种管控措施的优化选择，评估其对大气污染物排放的影响，提出京津冀交通运输绿色发展的环境空气质量控制优化方案。

（五）港口运输对海域环境风险水平评估及其防控方案研究

本研究在相关产业规划实施的基础上，预测津冀海域的船舶溢油风险水平和高风险区分布，以指导油品码头及临港石化产业合理空间布局，并提出降低津冀海域环境风险水平的管控对策。研究的方法要点包括：①综合运用统计分析、空间分析等方法，同时参考《国家重大海上溢油应急能力建设规划（2015—2020年）》以及《船舶污染海洋环境风险评价技术规范（试行）》中的评估方法，通过津冀区域内的港口进出港船舶艘次和船型分析，得出区域溢油事故规模及分布。通过海域船舶密度、通航环境和历史事故分析，得出溢油事故的发生概率。综合考虑区域环境、社会敏感目标的空间分布和敏感程度，评估区域船舶溢油事故污染风险，划分高风险海域。②根据津冀辖区内的溢油风险水平及高风险海域评估结果，为津冀沿海港口油品码头规划布局提供建议，并指导石化产业合理布局。综合区域溢油风险评价结果，结合津冀区域的溢油应急能力现状，为津冀区域应急能力建设提供建议。

（六）资源环境综合承载力分析

资源环境综合承载力是指在某一时期、某种状态下，某一区域环境对人类社会经济活动支持能力的阈值。环境所承载的是人类行动，承载力的大小可用人类行动的方向、强度、规模等表示。资源环境综合承载力是对区域可持续发展能力表征评价的重要指标。

本研究以基于环境模型量化的资源环境综合承载力为基础进行区域资源环境风险评价。首先对水资源、水环境、大气环境等单要素资源环境承载力进行分析评估，明确单要素资源环境承载力的空间分布及利用水平。对水资源，以各城市本地多年平均水资源可利用量为基础，并将未来区域外调水纳入考虑，作为有效水资源量进行水资源承载能力的分析，同时预测分析人均水资源量的未来变化趋势；对水环境，重点评价有长时间连续水文观测数据的河流，选择水文保证率为90%～95%的流量或近10年最枯月（季）平均流量为设计流量，根据地域差异和水质本底差异赋予差异化污染物降解系数，计算COD和氨氮的环境容量；对大气环境，以京津冀大气环境中的$PM_{2.5}$质量浓度满足京津冀各阶段环境保护目标为原则，综合考虑大气污染物平流扩散、干湿沉降、化学转化等迁移和转化过程，并解析二次污染物$PM_{2.5}$中各组分的贡献，利用区域空气质量模式NAQPMS，分别计算了以$PM_{2.5}$年均浓度达到环境保护目标为约束的京津冀13个城市SO_2、NO_x、$PM_{2.5}$和PM_{10}的环境容量。

本研究综合单要素评价结果，采用专家打分法、德尔菲法等方法对指标权重进行打分，经过归一化处理后，建立区域资源环境综合承载力指标体系和评估方法。

（七）"三线一单"生态环境分区管控体系

本研究围绕改善生态环境质量的核心目标，以经济社会发展与资源环境矛盾最突出的关键区域、行业和单元为重点，确定"三线一单"的要求，其中空间管控红线界定保障生态环境安全的"红线"空间，环境质量底线和资源利用上线明确基于资源环境承载力的经济社会发展阈值，生态环境准入清单明确重点领域、重点区块的生态环境保护要求，各项内容相互依托、相互支撑。工作框架如图 1-5 所示。

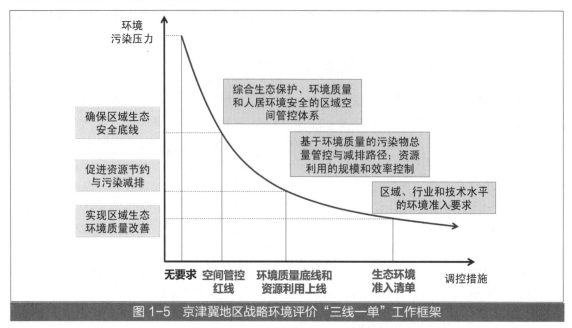

图 1-5 京津冀地区战略环境评价"三线一单"工作框架

　　空间管控红线从区域经济社会发展现状和生态环境本底入手，从维护生态系统完整性和安全性的角度，综合考虑生态保护红线、主体功能区规划等相关工作的成果，以生态、水、大气等环境要素系统结构解析为基础，基于各要素（领域）环境要素结构的敏感性、过程的脆弱性、生态功能的重要性、目标的重要性等差异，研究经济社会发展对生态环境空间的胁迫作用，将生态功能重要、敏感、脆弱的区域，区域/流域污染源头敏感区和主要输送源地区，以及人群聚集区等人居环境安全重点区域列入空间管控范围，确定分级分类管理的空间管控红线方案。空间管控红线划定技术要点如图 1-6 所示。

图 1-6 京津冀地区战略环境评价空间管控红线划定技术要点

京津冀地区空间红线管控体系包括生态保护红线、环境质量红线和人居环境安全红线。生态保护红线涵盖重要生态功能区、生态敏感区和脆弱区、禁止开发区，划定区域生态保护红线，作为区域开发建设的刚性约束，禁止人为开发建设，并按照自然资产类型进行确权，做到性质不转换、面积不减少、质量不降低。环境质量红线包括大气环境质量红线、水环境质量红线等，明确红线范围内资源利用、污染控制和管控措施。人居环境安全红线主要包括人群集聚区和环境风险敏感目标，应加强环境基础设施、人居环境安全防护和应急管理体系建设，完善大气环境风险防控和应急措施。

环境质量底线的划定是通过基于环境容量的污染物总量管控实现的，技术要点如图 1-7 所示。以环境质量改善为核心，确定区域环境质量目标，以环境容量为基础核算环境管理上的污染物允许排放量，结合分部门/行业以污染控制技术为依据的自下而上的减排潜力的核算，确定区域污染物总量管控方案。

图 1-7　京津冀地区战略环境评价环境质量底线划定技术要点

资源利用上线是资源能源消耗的"天花板"，技术要点如图 1-8 所示。以资源禀赋为根本，以生态环境质量改善要求为约束，参照相关部门确定的资源红线要求，综合考虑社会经济发展需求、技术提升潜力等因素，核算资源需求结构及总量，并对应分析其对大气环境、水环境和生态用地的影响。

基于空间单元的生态环境准入清单编制技术要点如图 1-9 所示。在空间管控红线和环境质量底线、资源利用上线研究的基础上，结合生态环境管理要求、行政区划等划定生态环境管理综合管控单元；参照国家和地方的产业指导目录、行业环境排放标准，建立基于空间单元的负面清单，对区域（流域）行业准入进行源头控制，推动产业调整升级转型。对环境质量长期不达标、环境承载力严重不足、超过环境容量的区域/流域，明确全行业或某一类行业区域限批的要求；对于允许进入的行业，梳理其资源环境效率水平，结合资源环境效益评估和成本效益分析，明确不同区域（流域）的生态环境准入要求。

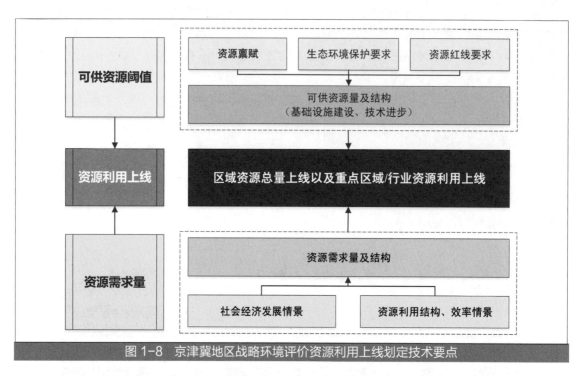

图 1-8 京津冀地区战略环境评价资源利用上线划定技术要点

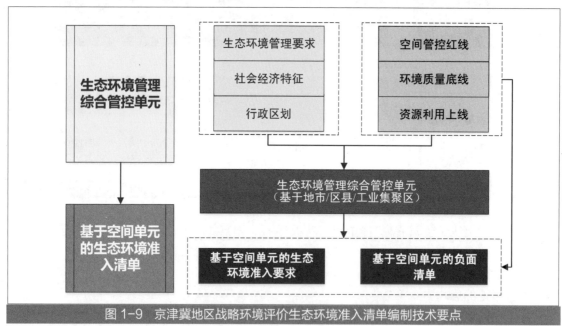

图 1-9 京津冀地区战略环境评价生态环境准入清单编制技术要点

　　生态环境准入清单将重点关注部分经济贡献高和生态环境影响大的产业。重点产业的筛选遵循以下原则：

　　①对生态环境影响较大的产业。选用省级层面数据，计算各工业行业的水污染物、大气污染物和固体废物排放量占整个工业排放量比重，将比重大于或等于5%的行业作为入选产业。污染物指标分别为各工业行业的废水排放量、化学需氧量（COD）排放量、氨氮排放量、废

气排放量、二氧化硫（SO_2）排放量、氮氧化物排放量、烟尘排放量、工业粉尘排放量。

②对区域经济贡献率较高的产业。计算研究区域各省、市两个层面的工业行业产值占工业总产值的比重，将比重大于或等于5%的行业作为入选产业。

③各城市未来规划所确定的发展重点。梳理与研究区有关的国家、区域、省级综合性规划或工业规划、城市综合性规划和工业规划、重要产业集聚区规划及其环境影响评价报告等，判断研究区域各城市未来着力发展的重点产业。

二、数据来源

本研究共收集京津冀资料1 000余份，其中北京市150余份、天津市150余份、河北省600余份、两市一省共同涉及材料100余份。收集纸质资料150余份，电子资料超过10 G。资料中社会经济类共200余份，生态环境类共500余份，规划类共300余份。主要数据和资料包括：京、津、冀两市一省及所覆盖地级市年鉴（2014年、2015年、2016年、2017年），京、津、冀两市一省及各市"十二五"规划纲要、"十三五"规划纲要、城镇发展规划、重点产业发展规划；所覆盖地级市环境统计数据（2015年）、环境质量公报（2005—2017年）；土地利用总体规划，京、津、冀两市一省及主要地级市水资源公报（2014年、2015年、2016年）等。

第二章

区域发展战略与生态环境功能定位

第一节　京津冀地区主要发展战略演变

改革开放以来，京津冀区域是我国经济增长最快的区域之一，在全国发展格局中的重要地位日益凸显。"九五"时期，京津冀地区作为环渤海经济圈的重要组成部分，在全国经济增长中发挥了重要带动作用。2006 年，京津冀区域的发展问题被纳入"十一五"规划，国家发改委正式启动京津冀都市圈规划的编制，同时明确了京津冀地区对全国经济的整体带动作用。其中，对京津冀都市圈的定位是新型国际化大都市圈、现代化大都市经济区和中国北方的门户地区。2007 年上报国务院的《全国城镇体系规划（2006—2020 年）》要求京津冀城市群是国家重点管理地区；同年，《京津冀都市圈区域规划》上升为国家战略性规划。此后的《全国主体功能区规划》《国家新型城镇化规划（2014—2020 年）》以及国家"十二五"规划纲要的发布，更是明确了环渤海地区在全国空间格局中的重要地位，并提出了"打造首都经济圈"的重要战略。"十二五"期间，北京确立建设现代国际城市的发展目标，天津滨海新区开发开放被纳入国家发展战略布局，中央推动唐山曹妃甸科学发展示范区的建设，河北省提出建设沿海强省的发展战略，进一步提升了京津冀地区在全国区域经济发展中的地位。2017 年 4 月 1 日，中共中央、国务院决定设立雄安新区，并将其定位为继深圳经济特区和上海浦东新区之后又一具有全国意义的新区，是千年大计、国家大事。通过回顾不同时期京津冀地区的发展战略与格局，不仅有助于确定京津冀地区的发展战略定位，也能够为把握其未来发展趋势提供基础。

一、环渤海综合经济圈

随着中国对外开放格局的逐步深入，为了支撑北方地区的对外开放和经济发展，党的"十四大"报告提出要加快环渤海地区的开发、开放，将这一地区列为全国开发开放的重点区域之一。在"九五"计划中提出该地区"应发挥交通发达、大中城市密集、科技人才集中、煤铁石油等资源丰富的优势，以支柱产业发展、能源基地和运输通道建设为动力，依托沿海大中城市，形成以辽东半岛、山东半岛、京津冀为主的环渤海综合经济圈"。

国家"十五"计划中提出东部地区要在体制创新、科技创新、对外开放和经济发展中继续走在前列，有条件的地方争取率先基本实现现代化；优化产业结构，优先发展高新技术产业、现代服务业和出口产业；发展外向型经济，广泛参与国际经济竞争；促进深圳经济特区和上海浦东新区增创新优势，进一步发挥环渤海、长江三角洲、闽东南地区、珠江三角洲等经济区域在全国经济增长中的带动作用。

二、京津冀都市圈

2006 年，国家发改委正式启动京津冀都市圈规划的编制，在明确京津冀地区对全国经济的整体带动作用的同时，希冀通过对京津冀都市圈的合理定位和产业协调，促进地区内部的协调发展。该规划按照"8+2"的模式制定，包括北京、天津两个直辖市和河北省的石家庄、秦皇岛、唐山、廊坊、保定、沧州、张家口、承德 8 个城市。但是，这一规划在 2010 年上报国务院后一直没有出台。根据陆续公开的京津冀都市圈规划相关研究报告，京津冀都市圈的定位是新型国际化大都市圈、现代化大都市经济区和中国北方的门户地区。

在产业方面，北京重点发展第三产业，以交通运输及邮电通信业、金融保险业、房地产业和批发零售及餐饮业为主。同时，北京应发挥大学、科研机构、人才密集的优势，与高新技术产业园区、大型企业相结合，积极发展高新产业，以发展高端服务业为主，逐步转移低端制造业。天津在现有加工制造业优势与港口优势基础上，应大力发展电子信息、汽车、生物技术与现代医药、装备制造、新能源及环保设备等先进制造业；发展现代物流、现代商贸、金融保险、中介服务等现代服务业，适当发展大运量的临港重化工业。河北 8 市定位为原材料重化工基地、现代化农业基地和重要的旅游休闲度假区域，也是京津高技术产业和先进制造业研发转化及加工配套基地；在第一产业中着重发展农业和牧业，成为京津两地的"米袋子"和"菜篮子"。

在交通方面，京津冀都市圈交通基础设施的建设和布局应遵循"保障、引导、优化、提高"的发展原则，实现交通与城市空间、经济、社会和环境的协调发展。到 2020 年前后，在公路方面，京津冀都市圈 80%的城镇、80%的人口、95%的产业将在 1 小时内享受到高速公路的服务；铁路方面，主要城市间建成城际客运专线或城铁，实现京津城际交通"公交化"；民航方面，建设首都第二机场，同时新建张家口、承德等机场，扩建石家庄正定的地方机场，形成区域性机场群；港口方面，加强天津枢纽港的建设，扩建地方港口和能源港口，新建曹妃甸等工业港。

三、首都经济圈

2011年，为推进京津冀地区的经济协调发展，国家发改委启动首都经济圈的规划编制工作，但这一规划截至目前尚未出台。根据相关资料，规划的内容包括基础设施建设、医疗建设、生态环境建设与监管等。在基础设施一体化方面，将着力围绕交通建设展开，计划以永定河北岸的北京第二机场为核心，展开辐射京津冀地区的基础设施建设和物流管网建设。一方面，推进首都第一机场、首都第二机场、天津机场以及河北正定机场通关、物流等方面协同一体化；另一方面，以北京新机场为核心推进京津冀地区港口、河流、公路、铁路交通网络建设。新机场在一体化中要起到沟通和协调的作用，同时还要发挥天津港、河北曹妃甸、秦皇岛等港口对外的窗口作用，交通网络的建设要贯穿京津冀地区所有的城市，以便到达所有设立的开发区。

四、河北沿海地区发展

2011 年，为促进河北沿海地区发展，国务院颁布了《河北沿海地区发展规划》，要求努力把河北沿海地区建设成为环渤海地区新兴增长区域、京津城市功能拓展和产业转移的重要承接地、全国重要的新型工业化基地、我国开放合作的新高地、我国北方沿海生态良好的宜居区，在促进全国区域协调发展中发挥更大的作用。该规划在空间布局上，重点提出要有序推进人口和产业向城市化地区集聚和布局，形成由滨海开发带和秦皇岛、唐山、沧州组团构成的"一带三组团"空间开发格局。

在产业发展上，《河北沿海地区发展规划》提出要优化发展先进制造业，要按照控制总量、调整结构、优化布局、产业重组原则和循环经济发展要求，推进城市钢铁企业有序向沿海临港地区搬迁改造，重点发展造船板、桥梁板、高强度轿车用钢、硅钢板等高附加值产品，适时建设曹妃甸精品钢铁基地。装备制造业方面，提出重点发展交通运输、能源环保、工程机械及专用设备等领域的装备制造业，在唐山主城区发展工业机器人等高端智能装备和节能环保设备，建设动车制造基地；在沧州主城区和盐山、孟村、青县建设管道和管件装备基地，在沧州渤海新区有序发展大容量先进风电装备和专用汽车制造业；在秦皇岛山海关区和海港区发展修造船、电力设备、高速铁路设备等重型装备制造业。石化产业方面，规划提出结合京津冀地区石化产业结构调整，支持国家大型石化企业，适时启动曹妃甸石化基地建设，加快沧州任丘国家大型石化企业炼化一体化改造；在不新增产能的基础上规范发展煤化工，优化发展盐化工。电子信息产业方面，规划提出重点建设秦皇岛、唐山电子信息产业基地。

五、滨海新区与天津自贸区建设

2009 年，国务院批复天津滨海新区行政体制改革方案，撤销塘沽区、汉沽区和大港区，设立滨海新区。根据《滨海新区城市总体规划（2005—2020 年）》，其城市定位为充分发挥滨海新区的比较优势，扩大对外开放程度，增强技术创新和产业创新能力，建设现代制造业和研发转化基地；提高面向区域的综合服务功能，提升城市综合实力、国际竞争力和综合辐射带动能力；充分发挥港口、保税和出口加工功能，建设北方国际航运中心和国际物流中心；充分发掘以近代史迹为主、多元化的文化资源和海、河、湿地等自然资源，形成特色鲜明的国际旅游目的地与服务基地；坚持以人为本，加强生态环境建设，创造和谐、优美、安全的生态宜居城区，以及服务和带动区域经济发展的综合配套改革试验区。

在产业发展上，《滨海新区城市总体规划（2005—2020 年）》提出要发展以港口为基础、服务我国京津冀、环渤海和北方地区的产业经济。应发挥资源优势，开发石油、海洋和盐碱滩涂等资源，形成以资源优势为基础的产业群体。重点发展电子信息、石油和海洋化工、汽车和装备制造、石油钢管和优质钢材、生物技术与现代医药、新型能源和新型材料等优势产业，建设天津港集装箱物流中心、散货物流中心、保税区海空港物流基地、开发区工业物流基地、塘沽商业物流基地和海河下游贸易物流基地六大基地。构建以港口为中心，海陆空相结合的物流运输体系，建成国际物流中心。在加快建设北方国际航运中心和国际物流中心的同时，以工业、居民生活和区域经济服务为重点，大力发展生产型服务业和生活型服务业，配套发展其他服务业，形成比较完善的现代服务业体系。

2015 年 3 月，中共中央政治局审议通过广东、天津、福建自由贸易试验区总体方案。同年 4 月，天津自由贸易试验区（以下简称天津自贸区）正式挂牌。天津自贸区的实施范围为 119.9 km²，涵盖 3 个片区：天津港片区 30 km²（含东疆保税港区 10 km²），天津机场片区 43.1 km²（含天津港保税区空港部分 1 km² 和滨海新区综合保税区 1.96 km²），滨海新区中心商务片区 46.8 km²（含天津港保税区海港部分和保税物流园区 4 km²）。作为北方唯一一个自贸区，天津自贸区的战略定位是将挂钩京津冀协同发展，通过制度创新和"一带一路"建设契机，建设贸易自由、投资便利、高端产业集聚、金融服务完善、法制环境规范、监管高效便捷、辐射带动效应明显的国际一流自由贸易园区，在京津冀协同发展和我国经济转型发展中发挥示范引领作用。其中，天津港片区重点发展航运物流、国际贸易、融资租赁等现代服务业；天津机场片区重点发展航空航天、装备制造、新一代信息技术等高端制造业和研发设计、航空物流等生产性服务业；滨海新区中心商务片区重点发展以金融创新为主的现代服务业。

六、京津冀协同发展

2015 年 4 月，《京津冀协同发展规划纲要》经中共中央政治局会议审议通过，确立推动京津冀协同发展正式成为重大国家战略。《京津冀协同发展规划纲要》将京津冀地区定位为以首都为核心的世界级城市群、区域整体协同发展改革引领区、全国创新驱动经济增长新引擎、生态修复环境改善示范区，提出"一核、双城、三轴、四区、多节点"的空间发展格局，构建以重要城市为支点，以战略性功能区平台为载体，以交通干线、生态廊道为纽带的城镇化发展格局。作为国家级发展战略，京津冀协同发展的核心是有序疏解北京非首都功能，调整经济结构和空间结构，遵循改革引领、创新驱动，优势互补、一体发展，市场主导、政府引导，整体规划、分步实施，统筹推进、试点示范五项原则，走出一条内涵集约发展的新路子，探索出一种人口经济密集地区优化开发的模式，促进区域协调发展，形成新增长极。《京津冀协同发展规划纲要》明确两市一省定位分别为：北京市为全国政治中心、文化中心、国际交往中心、科技创新中心，天津市为全国先进制造研发基地、北方国际航运核心区、金融创新运营示范区、改革开放先行区，河北省为全国现代商贸物流重要基地、产业转型升级试验区、新型城镇化与城乡统筹示范区、京津冀生态环境支撑区。

七、雄安新区

2017 年 4 月，为了进一步贯彻落实京津冀协同发展战略，以习近平同志为核心的党中央作出了在保定市东北部设立雄安新区的重大决策部署，旨在集中疏解北京非首都功能，探索人口经济密集地区优化开发新模式，调整优化京津冀城市布局和空间结构，培育创新驱动发展新引擎。雄安新区是继深圳经济特区和上海浦东新区之后又一具有全国意义的新区，是重大的历史性战略选择，是千年大计、国家大事。

《河北雄安新区规划纲要》中明确提出，坚持世界眼光、国际标准、中国特色、高点定位，紧紧围绕打造北京非首都功能疏解集中承载地，要建设成为高水平社会主义现代化城市、京津冀世界级城市群的重要一极、现代化经济体系的新引擎、推动高质量发展的全国样板；要打造绿色生态宜居新城区、创新驱动发展引领区、协调发展示范区、开放发展先行区。

《河北雄安新区规划纲要》提出，到 2035 年，基本建成绿色低碳、信息智能、宜居宜业、具有较强竞争力和影响力、人与自然和谐共生的高水平社会主义现代化城市；城市功能趋于完善，新区交通网络便捷高效，现代化基础设施系统完备，高端高新产业引领发展，优质公共服务体系基本形成，白洋淀生态环境根本改善；有效承接北京非首都功能，对外开放水平和国际影响力不断提高，实现城市治理能力和社会管理现代化，"雄安质量"引领全国高质量发展作用明显，成为现代化经济体系的新引擎。

到 21 世纪中叶，全面建成高质量、高水平的社会主义现代化城市，成为京津冀世界级城市群的重要一极；集中承接北京非首都功能成效显著，为解决"大城市病"问题提供中国方案；新区各项经济社会发展指标达到国际领先水平，治理体系和治理能力实现现代化，成为新时代高质量发展的全国样板；彰显中国特色社会主义制度优越性，努力建设人类发展史上的典范城市，为实现中华民族伟大复兴贡献力量。

第二节　区域发展战略定位

一、国家建设世界级城市群的战略区

建设以首都为核心的世界级城市群是《京津冀协同发展规划纲要》确定的重大国家战略，推动北京市非首都功能疏解和建设雄安新区、北京城市副中心是推动京津冀协同发展和世界级城市群建设的重大战略部署。京津冀地区是我国东部地区的重要增长极，是推动我国经济发展的重要引擎和高水平参与国际竞争合作的战略区域，是引领国家全面发展的核心地区。2016 年京津冀地区以不足 2.3%的国土面积承载了全国 10.2%的 GDP 和 8.1%的人口。《全国城镇体系规划（2006—2020 年）》提出，京津冀地区是我国三大都市连绵区之一，是国家利用国内外市场，参与经济全球化竞争的龙头，也是引领国家实现全面发展的核心地区之一。《国家新型城镇化规划（2014—2020 年）》中指出，京津冀城市群是我国经济最具活力、开放程度最高、创新能力最强、吸纳外来人口最多的地区，要以建设世界级城市群为目标，继续在制度创新、科技进步、产业升级、绿色发展等方面走在全国前列，加快形成国际竞争新优势，在更高层次参与国际合作和竞争，发挥其对全国经济社会发展的重要支撑和引领作用。

二、全国区域协同发展重点区

2014 年 2 月 26 日，习近平总书记在北京主持召开座谈会，专题听取京津冀协同发展工作汇报，强调实现京津冀协同发展，是面向未来打造新的首都经济圈、推进区域发展体制机制创新的需要，是探索完善城市群布局和形态、为优化开发区域发展提供示范和样板的需要，是探索生态文明建设有效路径、促进人口经济资源环境相协调的需要，是实现京津冀优势互补、促进环渤海经济区发展、带动北方腹地发展的需要，是一个重大国家战略。京津冀地区是拉动我国经济发展的重要引擎，但区域经济社会发展不均衡现象极为严重：北京集聚了过多的非首都功能，"大城市病"问题突出；河北未能受到京津有效经济辐射，产业结构和层次相对较低。京津冀地区一体化协同发展成为该地区可持续发展的必然选择。2015 年 4 月《京津冀协同发展规划纲要》通过中共中央政治局会议审议，推动京津冀协同发展正式成为重大国家战略。2016 年 2 月，国家发展和改革委员会发布的《"十三五"时期京津冀国民经济和社会发展规划》是我国第一个跨省市的区域"十三五"规划，规划指出要把京津冀作为一个区域整体统筹规划，在城市群发展、产业转型升级、交通设施建设、社会民生改善等方面一体化布局，努力形成京津冀目标同向、措施一体、优势互补、互利共赢的发展新格局。京津冀地区应探索一条内涵集约发展的新型发展道路，探索人口经济密集地区的优化开发模式，促进区域协调发展，形成全国区域协同发展示范区。

三、国家级优化开发区和重点开发区

京津冀地区为国家级优化开发区。《全国主体功能区规划》明确提出京津冀地区是国家层面的优化开发区域，是我国北方经济社会发展的引擎，是全国科技创新与技术研发基地，也是全国现代服务业、先进制造业、高新技术产业和战略性新兴产业基地，是我国北方的经济中心；要强化北京首都功能和全国中心城市地位，发展首都经济，增强文化软实力，提升国际化程度和国际影响力；提升天津国际港口城市、生态城市和北方经济中心功能，重点开发滨海新区，增强辐射带动区域发展的能力；优化提升京津主轴的发展水平，增强廊坊、武清等京津周边地区承接京津功能转移的能力，建设高新技术产业和先进制造业基地；培育形成河北沿海发展带，使之成为区域新增长点。

冀中南地区为国家级重点开发区。《全国主体功能区规划》提出，构建以石家庄为中心，以京广沿线为主轴，以保定、邯郸等城市为重要支撑点的空间开发格局；壮大京广沿线产业带，重点发展现代服务业以及新能源、装备制造、电子信息、生物制药、新材料等产业，改造提升钢铁、建材等传统产业；加强南水北调中线引江干支渠、城市河道人工湿地建设，构建由防护林、城市绿地、区域生态水网等构成的生态格局。

四、国家区域经济发展创新驱动示范区

京津冀地区产业基础雄厚，是中国北方经济最发达的地区，拥有全国最多的高等院校、国家一流的科研院所、现代产业集聚区等创新资源。北京服务和创新主导的服务经济、总部经济、知识经济和绿色经济特征明显，是我国现代制造业的研发中心、创新中心、营销中心及管理控制中心，也是京津冀地区研发创新、高端制造与国际对接的重要平台。天津已进入技术集约和产业高端的工业化后期，航空航天、石油化工、装备制造、电子信息等八大优势产业产值占工业总产值的九成，高新技术产业与重化工业并重、现代制造业与现代服务业并举，是我国北方地区重要的现代制造研发转化基地、北方国际航运中心和国际物流中心。河

北已进入工业化中期阶段，产业呈现出资源加工型、资本密集型特征，是我国重要的钢铁、石化和装备制造基地。京津冀地区应促进产业在区域内合理分工，建设区域创新网络促进产业转型升级，实现京津科技创新优势与河北加工转化优势的高效链接和整合，促使该地区成为我国创新驱动经济增长的重要引擎。

第三节　区域生态环境功能定位

一、全国生态修复环境改善示范区

京津冀地区是我国经济社会发展的核心区，聚集了大量人口，但由于三省（市）各自为政进行区域产业与生产要素布局，京津冀地区资源环境超载矛盾突出，生态系统整体性保护和修复、区域环境联防联治需求最为迫切，应通过破除行政分割、共促协同发展等方面的改革措施，推动在区域生态环境治理方面进行先行先试。以有序疏解北京非首都核心功能、打破地区樊篱为核心，立足地区比较优势和产业分工要求，以资源环境承载力为基础，以京津冀城市群建设为载体，以优化区域分工和产业布局为重点，以资源要素空间统筹规划利用为主线，通过调整经济结构和空间结构，构建现代化交通网络系统，扩大环境容量，推进产业升级转移，推动公共服务一体化。当前京津冀地区以《京津冀协同发展生态环境保护规划》为引领，通过积极推进《京津冀及周边地区落实大气污染防治行动计划实施细则》《京津冀大气污染防治强化措施（2016—2017 年）》等相关措施文件，成为我国区域联防联治改善生态环境质量的示范区。

二、国家重点人居环境安全功能保障区

京津冀地区人口总量大、密度高，2016 年京津冀总人口 1.12 亿人，人口密度 519 人/km^2，是全国平均水平的 3.6 倍。从城镇化进程来看，北京、天津城镇化率均已超过 80%，处于城镇化进程后期；而河北城镇化率仅为 53.3%，处于城镇化中期阶段。京津冀地区在发展过程中面临复合型大气污染严重且受区域传输影响显著，水资源开发长期透支、长期依赖外调水，水环境持续恶化，区域开发强度加大进一步危害生态安全，人居环境安全受威胁严重等问题。优化京津冀城市生态系统生产、生活、生态空间，对强化人居环境安全保障功能具有重要意义。

三、全国重要的生态功能保护区

京津冀地区位于我国北方农牧交错带前缘，地处内蒙古高原、太行山脉向华北平原的过渡地带，是华北平原的关键区域，在华北平原生态安全格局中具有重要地位。坝上地区、燕山、太行山是区域水源的主要发源地，是京津及华北平原的主要生态屏障，其水源保护、土

壤保持和防风固沙功能直接影响京津冀地区甚至华北平原生态系统安全（见图 2-1）。京津冀地区沙尘天气频发，荒漠化土地面积 44 167.2 km² （接近 20%），约一半国土荒漠化敏感性在"敏感"以上，防风固沙功能对于维护华北区域的生态安全具有重要意义。京津冀地区海洋生态保护功能重要，区域内拥有 1 个国家级海洋特别保护区、2 个国家级自然保护区，海河三角洲湿地主要为贝壳堤、牡蛎滩古海岸遗迹和滨海湿地，具有蓄水调洪、补给地下水、去除和转化营养物质、沉降悬浮物、净化水质等重要生态功能。

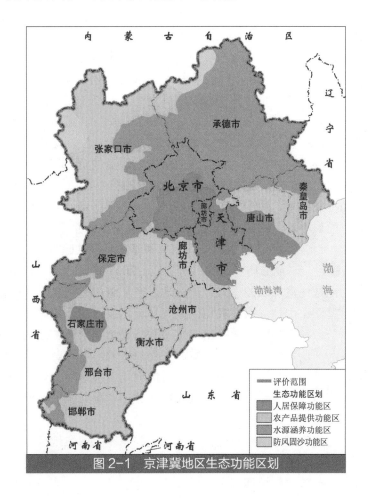

图 2-1　京津冀地区生态功能区划

第四节　区域生态环境保护的战略任务

一、区域协同发展的资源环境基础支撑与约束

2015 年 6 月，国务院印发《京津冀协同发展规划纲要》，并将其列为"十三五"区域发展三大战略之一。其核心是有序疏解北京非首都功能，调整经济结构和空间结构，走出一条内

涵集约发展的新路子，探索出一种人口经济密集地区优化开发的模式，促进区域协调发展，形成新的经济增长极。重点是通过交通一体化、生态环境保护和产业对接协作，以京津冀城市群建设为载体、以优化区域分工和产业布局为重点、以资源要素空间统筹规划利用为主线、以构建长效体制机制为抓手，从广度和深度上加快发展，把合作发展的重点放在联动上，努力实现优势互补、良性互动、共赢发展。随着《京津冀协同发展规划纲要》的颁布，工信部等还制定了《京津冀产业转移指南》。北京、天津、河北各省市、相关部门以及大型企业都制定了配套的行动方案，具体内容涉及产业疏解和承接产业转移，交通线路的建设和衔接，教育、通信、医疗等公共服务一体化衔接以及生态、大气污染等联防联治。这些都将促进京津冀地区社会经济的协同发展，以及产业布局与结构调整，进而对当地的生态环境产生影响。因此，京津冀协同发展已经成为指导该地区未来 5～10 年，甚至更长时间尺度区域和产业发展的重要战略导向。详细解读《京津冀协同发展规划纲要》以及相关的产业转移目录、交通一体化和公共服务一体化等项目，分析京津冀协同发展目标下各城市的产业转型升级导向，以及北京非首都核心功能的向外疏解，预测研究协同后的产业空间结构与格局特征，分析产业空间格局变化的资源环境耦合特征，科学评估协同发展后的资源环境影响，进而提出合理的区域产业调控政策和优化路径，是本次战略环境评价的核心。

在多年的区域经济发展中，由于两市一省各自为政进行区域产业与生产要素布局，京津冀地区面临区域经济发展不均衡的问题，"虹吸"现象突出。北京集聚了过多的非首都功能，"大城市病"问题突出；北京和天津未能在产业布局和基础设施共建方面形成合作；河北未能受到京津的有效经济辐射，产业结构和层次相对较低。2003 年以来全国产业发展的再次重工业化浪潮和投资拉动地区经济增长的模式，导致地区产业结构重型化特点突出，能源重化工产业占据地区工业半壁江山，造成京津冀地区大气环境污染严重、水资源短缺、近海海域污染严重等生态问题，资源环境超载问题突出，生态联防联治需求非常迫切。因此，通过研判和评价京津冀地区目前产业发展本身及其规模和布局与资源环境承载力之间的矛盾，立足地区资源环境承载力，合理调控京津冀地区不同城市的产业发展定位，优化产业结构和空间布局，提升产业发展的资源环境效率，探索区域绿色化改造和优化提升的路径，是本研究要解决的关键问题。

对于绿色化改造与优化提升的路径选择，一方面要尊重京津冀地区经济和产业发展的历史延续性，分析地区产业发展的路径与模式，尤其是主导产业选择与发展的关键因素，研究现有产业发展的资源环境效率，挖掘其技术提升的可能空间；另一方面要考虑协同创新的变革性，综合评估《京津冀协同发展规划纲要》的实施在全域协同的角度对京津冀地区产业结构调整、产业空间布局优化以及产业技术与资源环境效率提升的影响。本研究将从生态红线优布局、行业总量控规模、环境准入促转型的角度，提出区域重点产业结构与空间布局优化的调控框架与具体方案，推动实现京津冀地区产业发展与地区资源环境的协调。

二、新型城镇化与人居环境改善的协调发展策略

推动京津冀地区新型城镇化发展是国家战略需要。提升城镇化发展水平和质量，全面改善城镇人居环境状况，实现新型城镇化与人居环境改善的协调发展，是京津冀协同发展的重要内容和战略要求。京津冀地区通过落实区域协同发展战略、推动北京市非首都功能疏解和

区域一体化协同发展，在国家和区域城镇化发展格局中扮演着重要角色，肩负着率先垂范的国家战略使命。同时，京津冀地区是我国重要的人居环境保障区，也是我国城镇人口最密集的地区之一，区域资源环境约束突出，城镇化发展规模、结构、布局优化和配套基础设施的完善、人居环境质量的改善等任务十分艰巨。全面完善基础设施、提升人居环境质量是新型城镇化战略和生态文明建设的重要内容之一，推动新型城镇化和绿色化的协同发展是新时期中国社会经济转型的发展要求，也是促进经济发展的主要动力。

京津冀地区城镇化发展面临突出的资源环境约束和人居环境安全问题，主要表现在：①城镇人口规模大、增速快、高度集聚，资源环境压力十分突出。2016 年，京津冀地区城镇常住人口达到 7 158 万，2001 年以来平均每年增加 250 万人以上，城镇人口主要聚集在北京、天津、石家庄、唐山等超大和大中型城市，水土资源和能源需求高速增长，机动车保有量快速增加，污染排放集中，加剧了城市群地区的资源环境压力。②城镇建设用地快速扩张、布局不合理，城市人居环境安全面临威胁。2000—2010 年，京津冀地区建设用地总量增加 21%，同期湿地、耕地面积减少 9%，其中北京湿地、耕地面积分别减少 37%和 30%。城市边界不断拓展，用地开发强度不断提高，大幅挤占生态绿隔、廊道等具有重要生态服务功能的生态用地，导致城市热岛强度和范围不断扩大，城市生态格局和通风廊道遭到破坏。部分工业用地与居住用地布局混杂、城市发展不均衡，导致城市拥堵加剧；工业用地位于城市主导风向或城市水源地上游，加剧了城市大气污染风险和饮用水安全风险。③城镇化发展水平不均衡，环境基础设施建设有待进一步完善。北京、天津是我国经济社会发展和城市建设水平最高的城市，而河北省除石家庄、唐山等少数城市外，城镇化率和人均 GDP 均低于全国平均水平，各城市间发展水平差异极大。区域发展水平不均衡导致环境基础设施建设水平、标准和能力差异较大，污水收集处理和生活垃圾处置等环境基础设施建设普遍滞后，处理模式较为落后，很难适应京津冀协同发展的战略需要。

为推动新型城镇化与人居环境改善的协调发展，应对城镇化发展进程中突出的人居环境安全问题，需要从城镇化发展特征和趋势分析入手，探索新型城镇化的基本模式，明确城镇化发展的绿色化要求，提出城市群地区人居环境安全保障措施，保障京津冀协同发展战略的全面落实。全面分析京津冀地区城镇化发展的现状特征，明确新型城镇化发展的趋势和情景，评估城镇化发展导致城市消费领域和环境基础设施的资源环境压力，评估区域协同发展战略对城镇人口规模、结构和空间布局的影响，分析重点区域和城市的主要人居环境问题及应对策略，提出新型城镇化与绿色化协同推进的基本路径和城镇人居环境安全保障措施。以疏解北京市非首都功能和京津冀协同发展为契机，选择与区域资源环境承载能力相适应的城镇化发展路径与模式，加强大城市人口控制和疏解，引导和合理调控城镇化发展规模，进一步优化城市空间布局形态，促进产城融合，提高城市生态空间管控水平，改善城市人居环境质量，保障京津冀协同发展战略的实施和世界级城市群建设。

三、交通一体化发展的区域资源环境压力调控

科学评价交通发展对津冀近岸海域生态系统的影响是缓解区域发展与生态保护战略关系的重要一环。津冀近岸海域是海洋生物的重要栖息地，是重要的滨海湿地发育区，是优质的海滨休闲娱乐区，保持该海域生态系统功能对于区域生态格局的健康稳定发展具有重要意

义。津冀沿海的海岸湿地在我国湿地系统中占有举足轻重的地位，海河口三角洲湿地是我国芦苇的主产区，渤海沿岸河口浅水区饵料生物繁多，是经济鱼、虾、蟹类的产卵场、育幼场和索饵场，滨海湿地还是诸多候鸟迁徙的重要"加油站"，是诸多濒危鸟类的栖息地、觅食地和繁殖地。津冀地处渤海湾沿岸，其面向的渤海是我国唯一的内海，由于渤海属于半封闭海域，水交换周期长，所以其环境承载能力较弱，生态系统也相对脆弱。为了保护渤海的生态环境，2014 年，环渤海沿海各省（直辖市）完成了各自辖区内海域的生态红线划定工作，提出了更为严格的保护要求，其中天津市海洋生态红线区覆盖 219.79 km^2 海域和 18.63 km 岸线，河北省海洋生态红线区覆盖 1 880.97 km^2 海域和 97.2 km 岸线。然而，津冀沿海地区的发展和对海域的开发利用已经对近岸海洋生态系统产生了巨大的干扰和影响。目前，我国已形成滨海旅游业、海洋工程建筑业、海洋交通运输业、海洋渔业四大支柱海洋产业，其中交通运输用海是仅次于渔业用海的主要海洋利用方式，被视为对海域生态系统造成负面影响的关键影响源之一。对于京津冀地区而言，具体表现为津冀港口群货物吞吐量连续多年保持高速增长，货种以煤炭、矿石、油品为主，加重了对港口周边海水环境的影响；近几年，京津冀地区平均每年发生油污上岸和海上漂油事件 5 次左右，对所在海域的海洋环境造成了一定的污染，海洋生物资源也因此受到了不同程度的损害；港区建设对滩涂的大面积围填，直接挤占了生物的生存空间。因此，在战略层面协调好区域交通运输发展与近海海域生态系统的关系具有紧迫性和重要意义。

区域交通运输一体化发展将带来区域交通运输活动的变化，进而改变交通运输对区域环境质量的影响。一方面，产业布局调整对交通运输发展提出了新要求，交通基础设施将保持一定的建设量。河北省部分城市属太行山地土壤保持重要功能区，规划的若干城际快速、普通铁路、津石高速等重点建设项目可能会加剧水土流失。规划首都地区环线北段将在冀北地区相对较好的自然生态系统中新开辟交通走廊，此举可能会割裂区域野生动植物生存空间，影响种群繁衍，导致生物多样性降低。根据初步估计，未来打造的津冀港口群围填海面积将超过 260 km^2，可能造成渤海湾纳潮量减少，水体交换能力减弱，不利于污染物的扩散。另一方面，交通基础设施建设可引导产业布局优化、引领城镇化发展，产业与人口布局的重构将引起交通运输活动的时空分布变化。现代化的交通网络可将三地紧密相连，有利于激活生产要素充分流动，实现资源优势互补，进而三地间的物流可能出现流量增加、流向由辐射状向网状转变、货物种类多样化、运输方式向复合式转变等变化。交通的发展也会对城镇化发展的规模、方向起到引导作用，交通可达性和便利性高的地方容易聚集人口和产业，反过来，三地间的人口流动将更加频繁、空间分布更均匀、更倾向轨道交通等便捷的交通方式。基于交通运输发展和区域社会经济发展间复杂的双向作用，交通运输活动最终将对区域环境质量造成怎样的影响是判断未来区域环境状态的一大难题。

在新的交通一体化发展战略下，随着更加完善高效的交通体系建设，如何有效避免城镇、人口、产业布局调整带来的新的环境问题，解决京津冀地区当前不容乐观的生态系统功能、环境容量问题并改善区域空气质量是亟待完成的重大战略任务之一。这项工作不是单纯地分析交通运输活动和产业布局的相互影响，而是统筹分析多种因素对环境的综合影响。一体化的核心和本质在于接近同城化，即更便捷、更高效，这势必带来交通量和交通模式的调整。交通更便捷以后，大家的出行量和出行距离都会增加，区域内很多地区的出行强度会增大。出行分担方式会发生变化，甚至出行模式也会发生变化。同时，公路铁路线网、机场港口乃至物流场站的新布局，运输服务的一体化，会引发物流运输时空分布的变化。这些方面的变化都会引起交通运输活动污染物排放及生态影响的时空分布规律变化。

解答上述战略问题可分解为 4 步：①解析包括交通运输活动在内的人类社会经济活动与区域环境质量和近岸海域生态系统间的复杂关系；②推测未来交通运输流的结构、空间分布和强度；③参考产业专题的有关成果，推测未来产业结构优化调整、城镇发展、海洋渔业活动、工业用海等其他人类社会经济活动的强度和空间分布；④系统分析交通运输流对京津冀区域环境质量和近岸海域生态系统的影响。解答这些战略问题的成果包括：①京津冀交通一体化进程将对近岸海域生态系统造成的累积性影响和长期影响；②京津冀交通一体化发展对区域大气环境质量的影响；③保障京津冀交通运输一体化绿色发展的管理控制优化措施。

四、基于区域大气环境质量改善的环境准入要求

区域大气环境质量改善和人群健康保障是区域一体化建设的战略需要。随着京津冀地区工业化和城镇化的加快推进与京津冀一体化协同发展策略的落实，改善区域大气环境质量，保持区域良好的人居环境，是京津冀地区优化区域功能、增强区域品质、提升区域竞争力的需要，是体现"以人为本"精神、提高和改善人民生活质量的需要，更是构建和谐社会的需要。

京津冀地区大气污染加剧，人群健康受到威胁，实施大气环境质量改善与人群健康保障措施刻不容缓。由于受到西风带背景流场和海陆风、山谷风、城市热岛环流三个局地环流的共同作用，京津冀地区大气边界层低层形成了一个几乎常年存在的气流辐合带。该气流辐合带北起于北京、天津之间，向西南延伸，并与沿太行山东麓、大致呈南北走向的一条风场辐合带汇合，形成一条数百千米长的中尺度风场辐合带，这使得该地区发生静稳天气的频率达到 40%以上，气象扩散条件总体上不利于污染物的清除。该地区大气污染物的跨区域输送特征非常显著。2014 年北京市发布的 $PM_{2.5}$ 来源解析结果表明，周边城市对北京市 $PM_{2.5}$ 浓度贡献为 28%～36%，特殊重污染过程中区域传输贡献可达 50%以上；当京津冀地区受偏南气流影响时，区域外对京津冀地区污染输送显著，2013 年 1 月重污染期间，山东、山西、内蒙古、河南、江苏等地对京津冀 $PM_{2.5}$ 污染输送贡献达到了 20%以上。京津冀地区人口稠密，工业规模巨大，能源消费总量大，其中煤炭消费占 70%以上，河北近 20 年煤炭消费都在 90%以上。这种严重依赖煤炭的能源消费结构使得污染物排放量巨大，最终导致严重的区域性大气污染，特别是以 $PM_{2.5}$ 为主要污染物的灰霾污染。北京 $PM_{2.5}$ 来源解析结果表明，燃煤对 $PM_{2.5}$ 的污染贡献占 34%。由于不利的气象条件与巨大的污染物排放叠加，京津冀地区成为我国大气污染最严重的地区。30 年的灰霾日数统计结果表明，该地区灰霾日数呈现逐年增加的趋势；2013 年前两个月，包括京津冀地区在内的中国中东部地区发生持续大规模灰霾污染事件，污染范围覆盖近 270 万 km^2，波及 17 个省（直辖市、自治区）的 40 余个重点城市，影响人口近 6 亿，灰霾污染最为严重时北京 $PM_{2.5}$ 小时浓度最高值超过 680 $\mu g/m^3$。大规模灰霾污染严重影响了公众健康和正常社会秩序。灰霾污染期间，心血管和呼吸道疾病患者与往年同期相比，发病率明显攀升。此外，京津冀地区夏季 O_3 污染频繁发生，并有继续增加的趋势，存在发生光化学烟雾事件的可能，对公众健康具有潜在威胁。

改善京津冀地区大气环境质量，是该地区人居环境质量改善和人群健康保障的基本要求，

也是该地区保持可持续发展的重大战略挑战。为解决这一重大战略问题，应开展以下几方面的研究：第一，在深入分析京津冀地区多年气候资料、排放源清单、污染监测资料的基础上，结合区域空气质量模式源解析方法，研究区域大气环境现状及其演变趋势，估算重点污染源（城市、工业、交通等）及分析清单，识别主要大气污染因子，辨识中长期大气环境的影响特征，分析该地区大气污染物输送特征，研究大气污染的关键制约因素。第二，计算主要部门、重点行业的能源利用效率和大气资源环境效率，分析能源生产、消费规模和结构，分析污染物区域空间排放密度，研究经济发展对区域大气污染的影响，识别产业规模和结构变化对能源需求演变的趋势和对大气环境演变的贡献，研究大气环境与经济社会发展特征及与资源环境的耦合关系。第三，预测经济发展与能源利用导致的大气污染排放变化特征，结合气候变化相关研究成果，利用区域空气质量模式，预测未来该地区大气环境特征及主要污染物时空分布特征，综合考虑区域污染物累积性效应，评估重点区域和重点产业发展可能导致的大气环境影响和潜在风险。第四，运用区域空气质量模式模拟的方法，计算京津冀地区大气环境容量，分析各污染物容量构成状况、地区间容量差异的原因，结合大气污染物排放状况，分析大气环境承载力利用水平，评估其重点区域和重点产业发展的约束影响。第五，从能源结构优化、污染源协同控制、行业排放总量控制、区域联防联控等方面，提出区域大气污染防治的战略性目标、原则、内容框架和重点任务；从效率准入、环境准入、空间准入等方面，提出区域优化发展、经济社会与资源环境协调发展的调控方案和对策，尝试建立以环境保护促进经济又好又快发展的长效机制。

五、基于水资源高效利用的流域水污染排放管控

京津冀总体上属于资源性缺水区域，目前高强度的社会经济活动已经导致其水资源、水环境和水生态难以实现自我维持，因此水是制约该区域未来发展的关键资源问题。在水资源利用方面，即使实施了大规模的跨区域调水工程（如南水北调、引滦入津、引黄济津、引黄入冀等），京津冀地区仍然存在较大的供水缺口，如果再考虑生态环境用水，这一缺口将更大。在水环境保护方面，京津冀地区的水环境质量与既定的水环境保护目标和公众需求相比仍存在较大差距，特别是饮用水水源地面临不同程度的安全风险，持续改善区域水环境质量的需求迫切、难度大。在水生态涵养方面，京津冀地区陆域和近岸海域的水生态系统都受到损害，目前，天津市和河北省沿海地区形成了新的经济增长极，近岸海域水生态的改善面临更大的压力和风险。与此同时，《京津冀协同发展规划纲要》将生态环境保护和产业升级转移作为重点领域，这一决策以及水领域的具体协同发展政策为缓解京津冀地区的水资源、水环境和水生态压力提供了机遇。抓住这一机遇，按照"以水定城、以水定地、以水定人、以水定产"的原则规划和调控京津冀未来的发展格局，促进水资源安全高效利用、水环境功能全面恢复和水生态健康持续改善，才有可能打破社会经济发展与水资源、水环境和水生态的恶性循环，实现经济、环境和社会的全面、协调、可持续发展。

为了促进京津冀地区水资源安全高效利用，需要确定"生活和生态用水优先"以及"生态用水为刚性约束"的水资源配置原则，在此基础上根据区域未来发展规划确定的城镇化和产业发展目标以及现有的和规划的水资源供给能力，同时考虑水资源利用效率提升、非传统水源开发利用、上下游水资源调配等措施调控水资源供需平衡的潜力，在区域层面上评估水

资源对京津冀地区城镇化和产业化发展的支撑能力。

为了促进京津冀地区水环境功能全面恢复，需要在全面评价区域水环境质量状况并识别其与既定水环境保护目标差距的基础上，着眼于区域水环境功能全面恢复的长远目标，特别是以饮用水水源地的水量水质安全为优先目标，考察区域未来发展规划、水污染防治规划等对水污染物排放负荷的影响，在区域层面上评估水环境对京津冀地区城镇化和产业发展的支撑能力。

为了促进京津冀地区水生态健康持续改善，需要在全面评估陆域和近岸海域代表性水生态系统健康状况并识别其退化或受损主要原因的基础上，重点针对近岸海域富营养化问题，按照"陆海统筹"的原则考察区域未来发展规划、水污染防治规划等对多种陆域污染源（包括生活、工业、农业等）氮、磷排放负荷的影响，评估不同陆域污染源、重点区域、重点产业等削减入海营养盐负荷的潜力。

针对上述促进京津冀地区水资源安全高效利用、水环境功能全面恢复和水生态健康持续改善的重大战略任务开展研究，可以从区域水资源、水环境和水生态支撑能力的角度提出京津冀地区重点产业规模调控和布局优化方案，重点区域城镇化与产业发展规模和结构调控及其布局优化方案，重点区域和产业的水资源利用效率准入要求，重点区域的水污染防治目标和要求，不同类型饮用水水源地水量水质安全保障要求和措施建议，重点区域和产业氮、磷营养盐的削减要求等。

六、基于区域生态安全格局的开发建设空间管控

以保障区域生态安全、优化国土资源空间开发格局为出发点，本研究以保障区域生态系统结构稳定、维护提升区域生态功能为核心，明确生态发展的空间定位、生态功能定位和准入条件，优化生产、生活、生态空间布局和开发管制界限，提出空间管控红线，统筹协调社会发展中"三生"（生产、生态、生活）空间的开发、利用与保护。

京津冀地区存在资源无序开发占用生态保护红线区、城市大规模扩张占用耕地和湿地、生态保护建设占用耕地等生态空间占用问题。以矿产资源开发为例，部分矿产开采企业与生态保护红线地区相冲突，生态保护红线内共分布有矿产开采企业 248 家，产值 340 亿元，分别占地区矿产开采总企业数和地区矿产开采总产值的 12.7% 和 26.8%。通过严守生态保护红线（包括禁止开发区域、重点生态功能区、生态环境敏感区和脆弱区），优化空间布局，明确重点流域、区域和行业发展过程中需要严格保护的重要单元，明确资源开发、重点产业、城市群发展的空间准入要求，明确城市发展边界和城市开发建设空间管控要求，可以破解城市发展过程中的生态空间占用问题，基本遏制生态系统退化趋势，维护并提升区域重要生态服务功能。

明确区域生态功能定位、环境质量等级、风险防控目标等生态环境保护规定和要求，构建区域生态安全格局，优先保障生态空间，合理安排生活空间，严格控制生产空间，是京津冀协同发展的战略任务。为了支撑这一战略任务，本研究将完成以下几方面的工作：一是在生态保护红线区的基础上，根据区域社会经济发展对生态产品、服务和环境质量改善的需求，划定生态空间管控线。二是在现有合法工业集聚区或集中区的基础上，根据生态环境适宜的工业用地及交通、仓储等配套基础设施用地分布，划定生产空间管控线。三是在现有大规模集中居住区的基础上，根据资源环境可承载的人口规模和适宜居住用地分布，划定生活空间

管控线。综合协调利用各种自然人为地理和生态环境要素，根据各项土地利用的生态要求对给定土地利用方式的适宜性程度进行评价和分区，从环保角度完善功能组团划分和优化规划开发布局。

七、区域生态环境风险防控与人居环境安全保障对策

京津冀地区是国家当前经济发展战略的重要指向区，也是北方生态文明建设先行区和重要的生态环境治理区。《京津冀协同发展规划纲要》提出：未来京津冀地区将实现产业、交通和环保三大领域的协同发展，特别是北京市非首都功能疏解以及交通的发展，将导致产业格局由北向南、由内陆向海岸带发生转移。受此驱动，未来京津冀地区社会经济发展模式将发生显著改变，具体到区域环境风险和人居环境安全，将带来两大突出问题。

首先，区域中长期重大环境风险格局和人居环境安全需求将发生显著改变。突出表现为产业转移与区域环境承载力之间、城镇化加速推进与人居环境安全之间的尖锐矛盾。具体而言，根据《京津冀协同发展规划纲要》，未来北京市非首都功能将向天津、河北地区疏解，这些非首都功能除了涉及由非市场因素决定的公共部门，还重点包括一些相对低端、低效益、低附加值、低辐射的经济部门。对这些经济部门而言，一旦产业发展和环保设施规划不合理，很容易导致污染企业简单转移和低标准落地，一些工业园区也会不顾环境承载力盲目承接大规模产业转移，这必然使产业承接地的环境风险进一步叠加和放大。同时，伴随着北京市非首都功能疏解，环京津经济带必然快速崛起，这些地区的城镇化也将快速推进。快速城镇化不仅会诱使各类环境问题进一步交织演化，而且很容易导致一些废弃工业场地未经充分治理和修复即用于规划开发，这些问题都会使有毒有害物质更容易转移扩散，可能诱发严重的人居健康风险。

其次，需要尽快建立健全区域内环境风险联防联控及人居环境安全协同保障机制。环保是京津冀协同发展的三大重要领域之一，《京津冀协同发展规划纲要》要求，到 2020 年，区域内生态环境质量得到有效改善，到2030 年，生态环境质量总体良好。实现这些目标的一个重要前提是在区域内建立了完善的环境风险联防联控机制和人居环境安全协同保障机制。但当前这些政策机制都还不健全，区域风险协同防控能力亟待加强。①制度方面：尽管在国家层面已经出台了《大气污染防治行动计划》（国发〔2013〕37 号），在区域层面也出台了《京津冀及周边地区落实大气污染防治行动计划实施细则》（环发〔2013〕104 号）等文件，但是都未对京津冀地区环境风险防控和人居环境安全保障提出明确的要求。②机构设置方面：当前既没有统一的区域环境风险防控责任主体，也没有统一的应对机制。不仅如此，即使是在各个城市层面，也往往存在风险责任主体不明的问题。例如，在 2015 年 8 月 12 日天津港特别重大火灾爆炸事故中，各相关主管部门相互推诿，暴露出环境风险防控责任主体不明、风险管理混乱等一系列问题。③环保基础设施建设方面：当前缺乏区域共享的环境风险和人居环境安全数据库及在线动态监测、预报平台，难以对风险问题进行快速响应。与上述各项缺陷对应的是，京津冀地区本身已是我国环境污染十分严重的地区，产业转移可能进一步导致一些地区面临新的累积环境风险。因此，为了推动京津冀地区协调健康发展和人居环境安全，必须尽快建立健全相应的风险防控制度、机制和环保基础设施体系。

因此，本研究的战略任务包括区域环境风险及人居环境安全评价、危险化学品潜在事故

性风险评价以及环境风险防控和人居环境安全保障对策措施三大方面。针对区域环境风险及人居环境安全评价，重点是评价京津冀地区不同战略发展情景下的中、长期累积环境风险，特别是区域性、复合型大气环境污染（如灰霾、光化学烟雾等）风险，并开展重点城市人群健康风险评价。针对危险化学品潜在事故性风险评价，重点是评价随着重化工布局和规模发展改变带来的事故性风险强度的变化。针对环境风险防控和人居环境安全保障对策措施，重点是识别京津冀地区区域性、局地性及事故性风险防控需求，以此作为建立区域协同的风险防控体制、机制的决策依据。

八、区域行业污染物总量控制与协同减排路径

探索区域污染物总量控制的新模式和污染减排的新路径，是京津冀环境一体化战略的重要内容和现实需要。京津冀地区是我国环境质量最差、污染排放最集中的地区之一，也是我国能源、重化工等行业最密集的地区，污染排放压力大且进一步减排的空间有限，产业转型升级面临污染物总量减排约束的同时，环境质量改善也面临产业发展的严重胁迫。在区域资源环境承载力和环境质量目标的双重约束下，探索新的污染物总量控制和区域协同减排路径，实现产业转型升级和环境质量改善，是京津冀协同发展的重要任务之一。

京津冀地区污染减排和产业转型升级压力持续加大，亟须探索新的减排路径，主要表现在：①污染物排放压力居高不下。京津冀及周边地区现状大气和水体质量较差，土壤污染、重金属污染也逐渐引起人们的重视，各种污染物排放量较高，深化各项主要污染减排已到势在必行的阶段。②污染减排空间有限。京津冀地区主要电力、钢铁、水泥、化工等重点行业的资源利用、污染排放和去除效率已处于全国较高水平，以末端治理为主的污染减排措施几乎已无潜力可挖，传统的总量控制策略与产业转型升级之间的矛盾逐步显现。③污染控制和治理的目标和要求高。《大气污染防治行动计划》和《水污染防治行动计划》均对京津冀地区的环境质量保护和治理措施提出了更高的要求，主要污染物削减的压力进一步加大，部分特征污染物的控制要求逐步显现，仅仅依赖单一的区域总量控制手段和传统的减排措施，难以实现环境质量改善的总体要求。

本研究旨在探索行业总量控制和区域协同减排的新路径，促进经济社会发展与资源环境承载力协调一致，实现区域绿色转型和环境质量有效改善的战略目标。本研究将系统分析区域和重点行业污染物排放特征，评估重点行业的污染物减排潜力，结合区域主要污染物总量控制方案和资源环境承载力约束，明确重点行业总量控制的基本目标，根据重点产业发展情景，预测污染物排放总量和减排压力，从环境一体化角度提出区域和重点行业污染物协同减排的基本路径，明确总量控制和污染减排的重点区域、主要行业、重点技术环节和主要任务等，为京津冀地区实现环境协同管理提供科学依据。

九、区域环境一体化的制度建设与机制创新

环境一体化建设是京津冀协同发展战略的重要内容，是区域全面建成小康社会的重要保障。京津冀地区是我国经济发展水平最高、创新能力最强、城市群发育最充分的地区之一，但经济的快速发展也迫使我们付出了巨大的环境代价，目前资源环境约束日益趋紧，已经超过环境承

载力上限。华北大范围、长时间的重度污染雾霾天气时有发生，海河流域广泛性污染超标，区域性、累积性、复合型环境问题在京津冀地区越来越突出，环境风险加剧，生态环境质量已经成为保证人居环境安全和提升生活质量的最大障碍。近年来，"APEC 蓝""阅兵蓝"的区域联合行动表明，只有打破无形的地方行政保护壁垒，京津冀地区才能同呼吸、共命运，通过跨区域的组织协调和技术协作，通过区域一体化的制度建设和机制创新，形成京津冀利益共同体，共同解决经济发展与资源环境约束之间的矛盾，实现生产要素自由流通，优化经济要素，提高资源配置效率，共同优化绿色产业、循环低碳发展，实现最终的协同发展才能成为常态化。只有通过区域的协调管理机制，京津冀地区才可早日全面建成小康社会，实现全民共同富裕。区域一体化的环境制度建设对实现绿色化转型发展和生态文明建设战略目标具有重要意义。

通过跨行政区一体化制度的建设实现区域统筹协调管理，是区域改革的重要基础。京津冀三地应在应急联合行动的经验基础上，深化大气污染联防联控机制，协同解决流域水环境污染、区域性大气灰霾和条块分割生态破坏等问题。在环境保护安全格局下，通过环境保护制度以及政策措施的创新，加强顶层设计，优化生产力布局和空间结构，统筹区域分工和产业升级转移，建立一套跨行政区的一体化机制体制，促进整个大区域产业的创新合作。除现有产业结构优化调整外，将北京的金融、科技、知识产权保护等领域的改革和创新研发成果在天津、河北孵化转化，形成区域性的产学研"一条龙"，产业形成创新网络，加强省际的要素流动，发展区域绿色经济。优化产业布局，统筹自然资源和能源的分配及利用，解决资源开发与生态保护的矛盾，深化和完善区域合作和分工，促进经济转型、协调城乡发展，实现区域均衡一体化共同繁荣发展目标。

统一环保标准和严格环保准入是解决区域性环境问题的重要手段。以优化区域生态安全格局为导向，优化经济结构和城市布局，优化产业布局，打破体制机制方面壁垒，消除行政区、地方保护、条块分割造成的要素流动障碍。根据京津冀空间规划体系，分范围、分阶段、分层次逐步实现区域环境质量标准和排放标准的最终统一，试点推行过渡期、过渡区标准差异化管理，降低生态环境风险。在产业转型过程中，严格环保准入条件，淘汰落后产能毫不手软，全力支持创新绿色产业。以改善环境质量为导向，建立监管统一、执法严明、公正透明、多方参与的环境体系。坚持城乡环境治理体系统一，整体协调推进，共同创建区域性生态文明。

实现资源有偿使用和生态补偿一体化是京津冀协同发展的动力。在现有的产业布局基础上，在区域生态安全格局范围内进行合理的产业转移，并确保各地区在承接京津产业转移过程中不会产生新的环境污染问题，实现京津冀共赢发展。通过构建区域环境联防联控和生态补偿等机制，从传统的污染防治的补救措施转变为利用环境保护一体化破解京津冀区域性环境问题。根据市场供求和资源稀缺程度，资源使用体现自然价值和代际补偿原则。树立尊重自然、顺应自然、保护自然的理念，发展和保护相统一的理念，对于生态环境破坏严重的地区，加大生态环境整治力度，设立专项基金建设生态型产业体系和配套服务体系，促进循环经济的绿色发展。从区域的角度实施生态补偿和生态移民，对为了维护生态安全而在产业发展方面做出牺牲的地区补偿到位，建立反映资源消耗、环境损害、生态效益的生态文明绩效评价考核和责任追究制度，统筹区域资源要素空间，提升资源环境效率，构建长效机制体制，开展生态环境综合整治和污染物协调减排，实现区域经济社会发展与资源环境的协调可持续，创建区域生态文明。

第三章

经济社会发展特征与演变趋势

第一节　区域发展现状特征与历史演变

一、经济规模持续增长，区域内部发展失衡

京津冀地区是我国经济发展水平最高和经济密度最高的地区之一（见图 3-1）。2016 年，京津冀地区以不足全国 2.25% 的国土面积创造了近 7.6 万亿元的 GDP，占全国 GDP 总量的 10.2%。京津冀地区单位国土面积的 GDP 产出为 3 469.0 万元，是全国平均水平的 4.6 倍。2000 年以来，京津冀地区的经济总量以 12.0% 的平均增速持续增长，2005 年实现 GDP 总量翻番，突破 2 万亿元；2010 再次翻番，突破 4 万亿元；2016 年京津冀地区的 GDP 总量达到 75 624.97 亿元。京津冀地区 GDP 总量占全国 GDP 总量的比重从 2000 年的 9.28% 增加到 2005 年的 11.3%，后经不断调整，至 2016 年时调整为 10.2%，京津冀地区成为仅次于长三角的全国第二大经济集聚区。同时，该地区也是全国人均 GDP 水平较高的地区之一。2000 年以来，京津冀地区人均 GDP 以年均 9.68% 的速度保持较快增长，在 2005 年之前增速显著高于全国平均水平；2005 年之后，受结构调整和人口显著增加的影响，京津冀地区人均 GDP 增速下滑，尤其是 2008 年国际金融危机之后下滑速度加快，2013 年已低于全国平均增速。但是，京津冀地区的人均 GDP 依然显著高于全国平均水平。2016 年京津冀地区人均 GDP 达到 67 492 元，按 2000 年不变价格计算，是 2000 年的 4.2 倍，与全国人均 GDP 水平的绝对差距也由 2000 年的 2 328 元增加到 13 714 元。

北京、天津与河北之间经济发展水平差距不断加大（见图 3-2）。2016 年，北京、天津和河北的人均 GDP 分别为 11.8 万元、11.5 万元和 4.3 万元，北京和天津的人均 GDP 分别是全国平均水平的 2.20 倍和 2.13 倍，而河北省的人均 GDP 仅为全国平均水平的 79.8%。2000—2016 年，河北与北京、天津人均 GDP 的相对差距不断扩大，分别从 2.38 倍和 2.15 倍增加到 2.75 倍和 2.67 倍，绝对差距也分别由 15 622 元和 9 444 元增加到 75 195 元和 71 571 元。

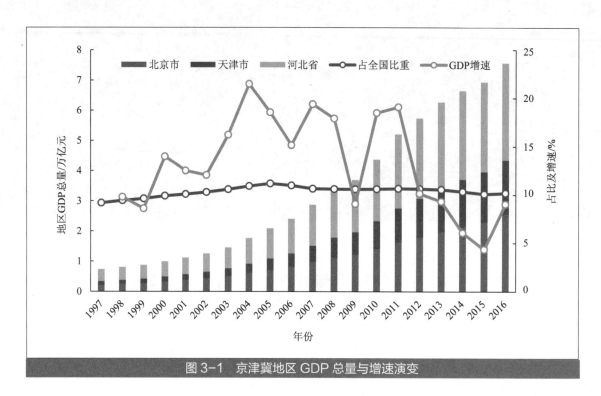

图 3-1　京津冀地区 GDP 总量与增速演变

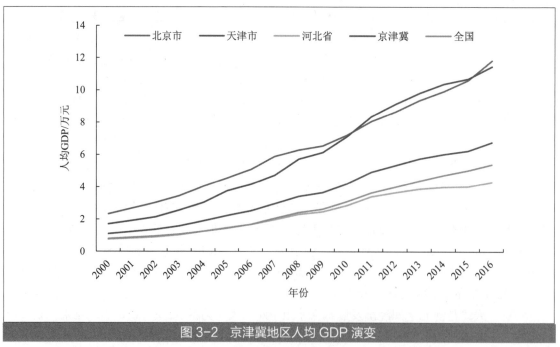

图 3-2　京津冀地区人均 GDP 演变

　　京津冀三地之间人口经济不均衡，北京和天津城市规模日益庞大，而河北社会资源相对不足，区域内部发展严重失衡。

　　第一，人口高度集聚在京津两市，人口极化效应显著。2016 年，北京常住人口达到 2 173万人，天津、石家庄和保定的常住人口均突破 1 000 万人；4 个城市常住人口占京津冀地区总

人口的 52.9%；而在人口密度上，北京和天津是人口密度最高的地区，分别高达 1 312 人/km²
和 1 305 人/km²，显著高于京津冀地区 519 人/km² 的平均密度。

　　第二，经济主要集聚在京津唐核心区域，北部山区和河北南部地区经济发展水平较低（见
图 3-3）。从空间上来看，京津为经济发展高地，河北大部分城市经济水平与核心城市具有较
大的差距。2016 年，北京、天津、唐山人均 GDP 分别为 118 128 元、114 503 元和 81 020 元，
分别是最低的邢台（26 991 元）的 4.4 倍、4.2 倍和 3.0 倍。除唐山、廊坊和石家庄外，河北
省其他城市人均 GDP 均不足 50 000 元；承德、张家口、保定的人均 GDP 分别为 40 732 元、
33 129 元和 29 886 元，形成了"环首都贫困带"。

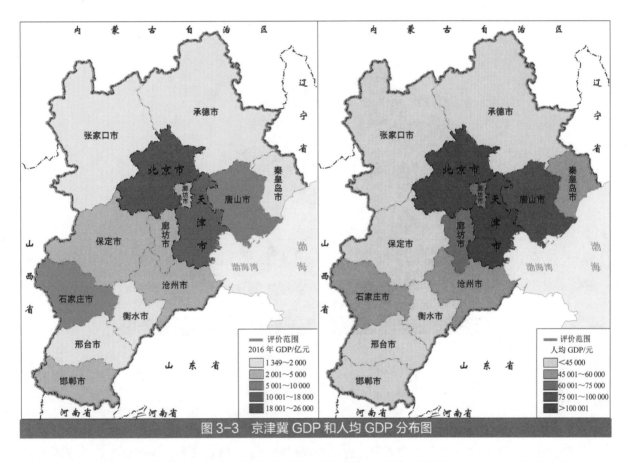

图 3-3　京津冀 GDP 和人均 GDP 分布图

　　第三，主要工业基地和工业园区基本集中在京津唐核心区域（见图 3-4）。2017 年只有京
津唐工业总产值在 10 000 亿元以上，石家庄、沧州、邯郸的工业总产值在 5 000 亿～10 000
亿元，这 6 个城市的工业总产值占全地区工业总产值的 80.9%，区域内其余 7 个城市工业总产
值之和不足天津的总产值。截至 2015 年年底，京津冀地区共有 22 个国家级经济技术开发区
和 243 个省（市）级以上开发区。其中，国家级园区主要集聚在北京东南、天津及唐山西南
部，而城市群外围的城市，如张家口、承德、邯郸、邢台等的工业开发区个数明显少于城市
群核心区。京津冀地区省级园区基本分布在燕山以南、太行山以东的华北平原地区，只有张
家口和承德地区的谷地中有少量园区分布。

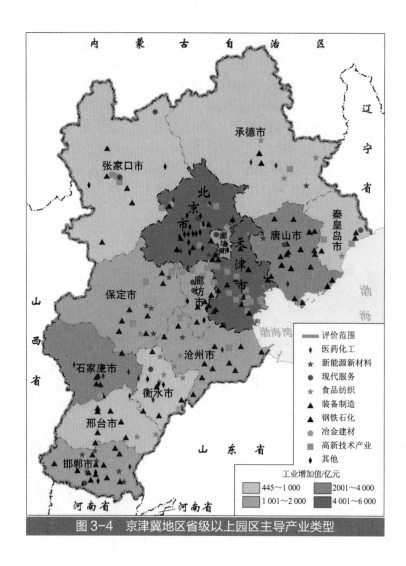

图 3-4　京津冀地区省级以上园区主导产业类型

二、产业结构逐步优化，工业重型化特点仍较突出

随着京津冀地区日益发展完善以及全国参与全球产业分工的日益加深，其作为全国参与全球化的重要门户地区、全国重要先进制造业基地的地位日益凸显，现代服务业和制造业在产业体系中的比重逐步提高（见图 3-5）。2000—2016 年，京津冀地区第三产业占 GDP 的比重增长了 16 个百分点，成为地区重要的支柱产业；第二产业的比重则不断下降，从 2000 年的47% 下降到 2016 年的 37%；第一产业的比重持续降低，从 2000 年的 11% 下降到 2016 年的 5%，呈现显著的后工业化特征。整体来看，京津冀地区基本形成了"三二一"的产业结构。2016年，京津冀地区第一产业和第二产业均较全国平均水平低 3 个百分点，第三产业比全国平均水平高 6 个百分点，充分体现了京津冀地区作为全国主要城市群地区在现代服务业方面的优势地位。从区域内部来看，北京的产业结构呈现显著的"三二一"结构，第三产业比重高达80.1%；天津市第三产业比重有一定提升，达到 58.6%；河北省 2018 年第三产业增加值首次超过第二产业，三次产业结构为 9.3%：44.5%：46.2%。

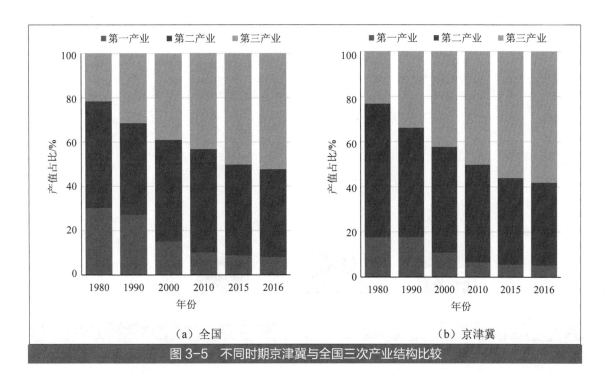

图 3-5　不同时期京津冀与全国三次产业结构比较

近30年来京津冀地区工业化进程可以分为三个阶段。第一阶段是从改革开放到1992年，该时期京津冀地区以其区位优势和政策优势吸引了港澳地区的大量投资，发展了以轻纺工业产品出口为主的外向型加工产业，传统的能源重化工业和轻纺工业占据工业主体；第二阶段是从1992年到2000年前后，随着我国的全面对外开放，京津冀地区以低成本人力资源、土地资源和区位优势吸引了国际劳动密集型制造业的大规模转移，尤其是天津和北京吸引了电子信息制造产业的转移。在这一时期，京津冀地区轻纺工业的比重下降，传统能源重化工业的优势继续保持，装备制造业比例大幅度提升。第三阶段始于2000年前后，国际重化工产业转移开始，同时也受到了国内基础重化工产业布局驱动的影响。在这一时期，京津冀地区在唐山建设曹妃甸工业新区，天津的滨海新区也有了较大幅度的发展。京津冀地区能源重化工业的比重大幅度提高，几乎占据了整个工业部门产值的半壁江山；装备制造业的比重稍有下降，而且随着电子信息产业制造的优势逐步被长三角和成渝取代，交通运输设备制造（重点是汽车工业）成为京津冀地区装备制造业的主体。目前，京津冀地区工业部门结构呈现能源重化工和装备制造部门并重发展的格局（见图3-6）。2017年区域能源重化工产业（煤炭、电力、石化、钢铁、建材、冶金）的产值总计40 861亿元，占全国的10%左右；其中钢铁、电力产值分别占京津冀工业总产值的18.3%和8.2%；2000—2017年，京津冀地区装备制造业比重下降，电子信息制造产业优势下降，手机产量比重从55%下降到不足10%，微型计算机设备产量比重约下降33%，仅汽车的产量比重从12%增加到13%。从京津冀内部来看，北京工业主要以装备制造业为主体，2017年装备制造业几乎占整体工业的50.3%；能源基础原材料工业比重较低，以电力工业和石化工业为主。天津呈现能源基础原材料和装备制造业并重的格局，能源基础原材料工业以钢铁和石化工业为主。河北工业则体现出能源基础原材料工业"一头独大"的格局，2017年能源基础原材料工业产值占到整体工业总产值的54%，其中又以钢铁工业为主。

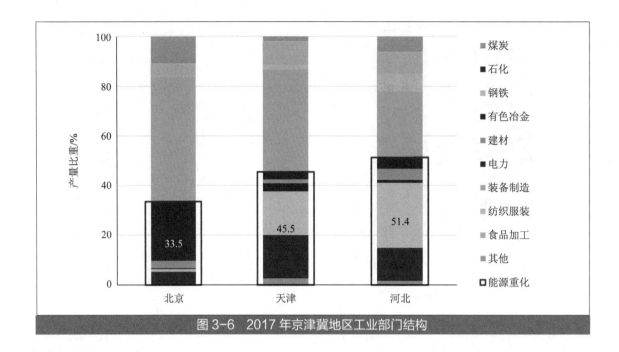

图 3-6　2017 年京津冀地区工业部门结构

三、产业协同发展不足，同质化竞争严重

尽管京津冀三地在发展水平、产业结构和主导产业间形成了一定梯度，基本具备了"北京研发、天津转化、河北配套"区域产业分工格局的基础条件，但三地的制造业具有严重的重叠、同质化倾向。京津冀地区与全国装备制造业各行业的产业趋同现象较为严重，京津冀地区内部，北京和天津装备制造业产业结构趋同现象更为明显（见图 3-7）。北京与天津的装备制造业基本都呈现交通运输设备制造与计算机通信电子设备制造并重的格局，二者在地区装备制造业的比重基本可以达到 50%以上，北京甚至高达 70%；河北省则呈现交通运输设备和金属制品业相对并重，通用设备、专用设备制造、电气机械和器材制造协同发展的格局。此外，河北省内主要城市能源基础原材料产业同质化竞争严重。虽然河北省自 2014 年起就开始钢铁产能压减任务，但到 2017 年，唐山市钢铁产业占工业总产值的比重依然在 50%以上，邯郸市也在 35%左右。梳理京津冀地区省级以上工业园区的主导产业，国家级开发区的主导产业主要包括装备制造、钢铁工业、石化工业、生物医药以及电子、新材料工业，省级以上开发区存在功能定位不清晰、分工不明确、产业发展雷同的问题，致使产业及产品的集中度较低、龙头项目少、项目带动作用弱、单位土地面积的投资强度和产出效率较低；以唐山市为例，大部分省级以上园区都以钢铁等传统产业为主。

京津冀地区现有的产业分布格局是不同产业发展空间长期不均衡累积的结果，产业发展的路径依赖效应将在各地区未来的一段时间内发挥重要作用。近10年来，北京市交通运输设备制造业和医药制造业区位商提高较大，分别提高了1.64和1.08，黑色金属冶炼和压延加工业降低了1.23，说明北京产业结构调整效果显著；天津市区位商提高的产业有黑色金属冶炼和压延加工业（+0.88）、交通设备制造业（+0.7）和石油加工、炼焦和核燃料加工业（+1.01），而家具制造业和计算机、通信和其他电子设备制造业等产业降低幅度较大，说明天津产业的重化工倾向严重，轻工业和技术行业优势降低；河北省产业区位商提高幅度较大的产业为黑色金属冶炼和压延加工业（0.96），降低的产业为医药制造业，同样具有重工业倾向。

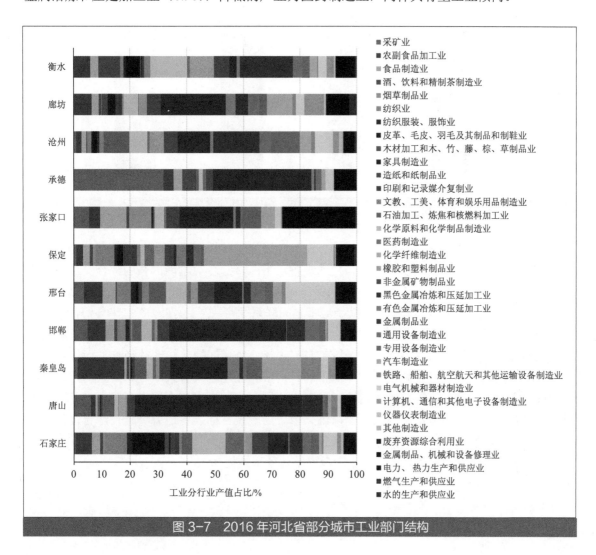

图 3-7　2016 年河北省部分城市工业部门结构

四、现代服务业不发达，基础设施链整合不足

就京津冀地区整体而言，第三产业虽然已经超过第二产业，成为地区支柱产业，但也仅局限于北京、天津和秦皇岛 3 市，河北省的大部分地区仍处于以第二产业为主的发展阶段。京津冀第三产业结构（见图 3-8）目前依然集中在以交通运输、批发零售和住宿餐饮为主的传统服务业；金融保险等现代服务业比重虽然逐步提高，但在第三产业中的比重仍低于长三角地区。同时，在京津冀城市群核心区单位就业人口中，24%集中在制造业，一般服务业等占据 31%，现代服务业不足 50%；除北京、石家庄外，其余城市高级服务业就业人口比例不足 30%。而在高级服务业中，教育、科研、文化、公共管理等部门就业人口比例占据 27%，金融、信息服务、房地产等服务业就业人口不足 16%。

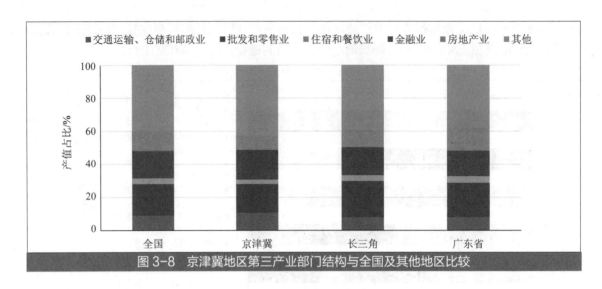

图 3-8　京津冀地区第三产业部门结构与全国及其他地区比较

同时，京津冀地区交通服务业内部还存在基础设施链整合不足、港口竞争激烈等问题。京津冀地区是我国交通基础设施齐全、技术装备水平高、综合运输能力强的综合交通和运输枢纽之一。但是由于三地各自为政，"断头路"问题严重。地区内部的铁路和公路线基本都呈现以北京为中心的"单中心放射状"，其余城市之间联系线路缺乏。另外，在空港与海港方面，存在分布不均衡、竞争激烈等问题。航空业务量过度集中于首都机场，而石家庄机场和天津滨海机场的运力充足但需求不旺，其余城市与三大核心机场间缺乏快速轨道交通衔接；海港之间功能定位重叠，港口资源使用效率低下。目前京津冀地区共有天津港、秦皇岛港、唐山港、京唐港和黄骅港，腹地范围和运输货种基本相同，均以煤炭和金属矿石为主，存在较大同质化问题。多个港口城市都提出了"以港兴市"的发展目标，各地方将建设综合性大港作为目标，以发展集装箱为重点，建设许多集装箱码头，但由于腹地资源有限，经济发展水平不高，难以产生应有的效益，且不利于港口群整体效率的提高。

第二节　城镇化发展现状特征与历史演变

一、人口规模大、增速快，空间分布高度聚集

京津冀地区人口规模庞大，人口密度高，城镇人口持续增长（见图 3-9）。2016 年年底京津冀地区常住人口为 1.121 亿，占全国总人口的 8.09%，比 2005 年增长了 1 173 万，其占全国人口总量的比例也由 2006 年的 7.21% 增加到 8.09%，增加了近 1 个百分点。京津冀地区新增人口占到全国人口增量的 20%，是近 10 年全国人口逐步聚集的地区之一。区域城镇常住人口达到 7 158 万，占全国城镇总人口的 9.03%。从人口密度来看，2016 年京津冀地区人口密度 519 人/km²，较 2000 年（416 人/km²）增加了 22%，其与全国人口密度的差距也由 2000 年的 3.15 倍扩大到 3.58 倍。2006—2016 年，京津冀地区城镇人口保持持续快速增长，北京、天津、

河北城镇人口分别增加 46.2%、65.4%、54.3%，远高于全国城镇人口 41.1%的增速，区域城镇人口增加了一倍。北京、天津总人口密度增幅超过 45%，河北增加 15.3%，土地资源有限的超大城市面临严峻的人口增长挑战。

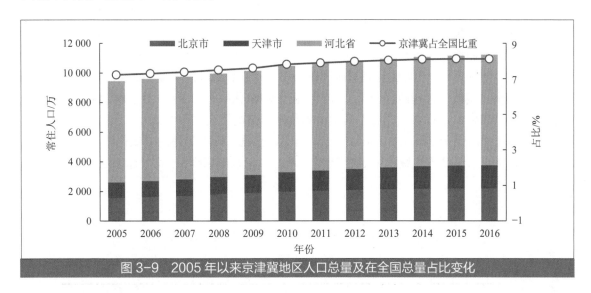

图 3-9　2005 年以来京津冀地区人口总量及在全国总量占比变化

京津冀地区城镇等级结构不合理，京津超大城市人口过于集中（见图 3-10）。按照《国务院关于调整城市规模划分标准的通知》（国发〔2014〕51 号）中城市规模等级的划分办法，以 2016 年市辖区常住人口计算，京津冀城市群中，北京和天津属于超大城市；人口在 100 万～500 万的大城市有 4 个，其中唐山为Ⅰ型大城市，石家庄、邯郸、保定为Ⅱ型大城市；人口在 50 万～100 万的中等城市有 6 个，分别为秦皇岛、邢台、张家口、廊坊、承德、沧州；人口在 50 万以下的小城市仅有衡水。从城市人口分布结构来看，超大城市人口过于集中，2016 年，北京、天津两个超大城市市辖区聚集京津冀各城市市辖区 70%以上的城镇人口，北京、天津两市城区常住人口总和达到 3 735 万，其他城市规模等级相对较小，多为Ⅱ型大城市和中等城市，人口规模呈"倒金字塔"形。

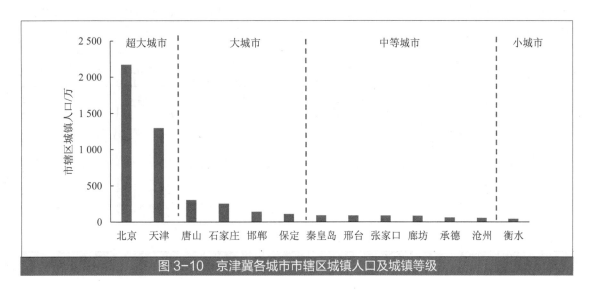

图 3-10　京津冀各城市市辖区城镇人口及城镇等级

二、城镇化进程两极分化，发展水平差异明显

京津冀地区区域内城镇化进程差异显著，城镇化增速京津放缓，河北加速（见图3-11）。北京、天津两市城镇化发展处于高水平、低增速阶段，城镇化率分别位居全国第二位和第三位，与发达国家和地区水平相当。2016年，北京、天津城镇化率分别为86.5%和82.9%，已发展至城镇化后期阶段。河北城镇化发展则整体处于低水平、高增速阶段，低于全国平均水平，增长速度加快，城镇化进程两极分化。2016年河北城镇化率为53.3%，处于城镇化中期阶段。河北省各个城市中，仅石家庄、唐山两地城镇化水平略高于全国平均水平（57.3%），河北其他城市城镇化率均低于全国水平，其中保定、邢台、承德、衡水等地的城镇化率不足50%；衡水、廊坊、邯郸、邢台等地城镇化增速较快，2005—2016年城镇化平均增速超过8%。

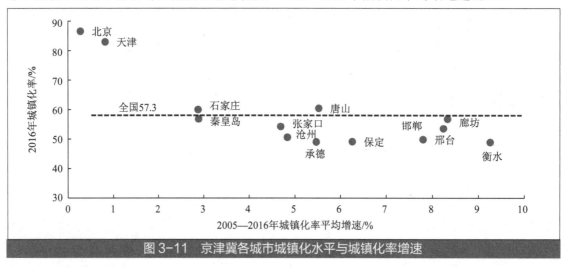

图 3-11　京津冀各城市城镇化水平与城镇化率增速

以北京市区为核心，周边县市区城镇人口和城镇化率显著降低，城镇化发展水平差异较大（见图3-12）。北京、天津、保定市区等呈现城镇人口集中、城镇化率高的特点，但河北省部分市、县城镇化率远低于全国平均水平，正在规划建设中的雄安新区所在的雄县、安新和容城3县的城镇化率只有43.8%、40.7%和43.8%。

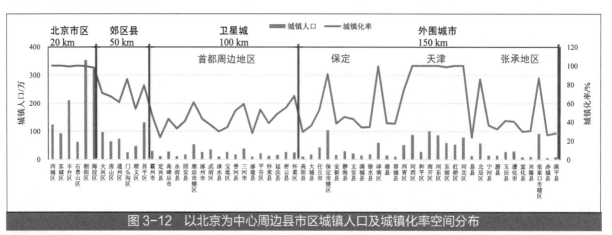

图 3-12　以北京为中心周边县市区城镇人口及城镇化率空间分布

第四章

生态环境质量演变趋势及现状问题

第一节 大气环境演变趋势及现状

一、受全球气候变化影响，区域地形和气象扩散条件总体不利

全球气候系统的剧烈变化可能对我国霾的发生具有部分贡献。京津冀地区处于温带大陆性季风气候区，四季分明。冬季受西伯利亚大陆性气团控制，寒冷少雪；春季受蒙古大陆性气团影响，气温回升快，风速大，气候干燥，蒸发量大，往往形成干旱天气；夏季受海洋性气团影响，比较湿润，气温高，降雨量多，且多暴雨；秋季为夏冬的过渡季节，一般年份秋高气爽，降雨量较少。在全球变暖影响下，我国冬季增温幅度更为显著、冬季风减弱，进而导致北方冷空气活动减弱，影响污染物的扩散，促使霾天气增多。冬季华北大范围霾事件的发生与东亚地区大气环流的高低空配置有密切关系，对流层低层北风减弱及逆温层发展、中层东亚大槽减弱、高层西亚急流北移，这些因素均能导致华北大范围霾事件的发生。此外，副热带西太平洋海温异常影响着东亚冬季风变化，进而影响华北地区霾日数量。

地形是形成和加剧区域大气污染的重要条件。京津冀地区位于华北平原北部，北靠燕山山脉，南面华北平原，西倚太行山，东临渤海湾，由西北向的燕山—太行山山系构造向东南逐步过渡为平原，呈现出西北到东南半环状逐级降低的地形特点。京津冀地区受季风影响，冬天盛行西北风，夏天盛行西南风，无论哪种风，风力大都有利于污染物的扩散。从地形上看，京津冀地区西侧是太行山脉，北侧是燕山山脉，地形条件相对闭塞，河北处于迎风地带，北京处于窝风地带，若京津冀为偏南风，本地排放和南部外部输送的大量污染物扩散不出去，只能在山前平原快速累积，导致沿山及山前地区污染最重。相对而言，西北风更有利于京津冀地区的污染物扩散。

京津冀地区气象扩散条件总体不利。由于京津冀特殊的地理条件，在污染源没有得到大力控制和改善的情况下，一旦遭遇不利的气象条件，并维持较长的时间，便容易出现积累型的颗粒物重污染。京津冀地区大气扩散条件主要受到天气系统、环流场、大气层结、气温、相对湿度、降水等气象要素影响。造成京津冀地区污染物累积的天气形势多种多样。易造成

大气污染的地面天气形势类型包括高压型、均压型和低压型。高压型包括高压后部、高压底部、弱高压和两高压之间等天气形势；均压型包括均压场和鞍形场；低压型包括低压带、冷锋前部、华北地形槽、华北小低压、河套低压前部、华北倒槽、华北小倒槽等。虽然易于造成污染累积的地面天气形势类型繁多，但通常为弱气压场控制华北，华北地区受到系统性的偏南风或者南风影响，局地环流的作用较为明显，河北通常为弱的东北风或者弱的偏南风，上述两种气流都易导致京津冀地区大气污染物累积。易造成大气污染的 850 hPa 天气形势有 3 种，即暖舌控制+西南气流、无明显暖舌+西南气流、暖舌影响+强西南气流+弱偏北气流。其中，暖舌控制+西南气流的天气形势非常利于京津冀地区产生污染，是污染出现频率最高的天气形势。易造成大气污染的 500 hPa 天气形势包括平直西风带西风气流、弱脊后的西南气流、较强高压脊后西南气流 3 种类型。

二、空气质量持续改善，但以 $PM_{2.5}$ 污染为主的空气污染仍较严重

随着《大气污染防治行动计划》（以下简称"大气十条"）的实施，京津冀空气质量持续改善，优良天数明显增加、重污染天数显著减少，$PM_{2.5}$、PM_{10}、SO_2、NO_2 年均浓度逐年下降。2018 年，京津冀 $PM_{2.5}$ 年均浓度为 60 $\mu g/m^3$，与 2013 年相比下降了 42%。京津冀平均优良天数比例由 2013 年的 37.5%上升到 2018 年的 58.6%。

虽然近几年京津冀空气质量有所好转，以 $PM_{2.5}$ 为主的污染物浓度有所下降，但在全国范围内京津冀仍是空气污染最严重的地区，距离空气质量标准仍有非常大的差距（见图 4-1）。2018 年，京津冀优良天数比例为 58.6%，比全国平均比例低 20.7 个百分点；区域重度及以上污染天数比例为 2.0%。在 2018 年全国 169 个城市空气质量排名末 10 位中，京津冀地区占据 5 席，包括石家庄（2）、邢台（3）、唐山（4）、邯郸（5）和保定（8）。

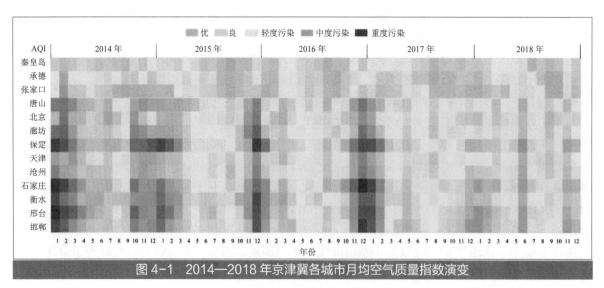

图 4-1 2014—2018 年京津冀各城市月均空气质量指数演变

京津冀冬季灰霾污染问题相对更加突出。2016 年 11 月 15 日到 12 月 31 日供暖期间，京津冀地区的 $PM_{2.5}$ 平均浓度为 135 $\mu g/m^3$，是非供暖期浓度的 2.4 倍，该时期占全年时间的 12.8%，对全年 $PM_{2.5}$ 的贡献达到 24.4%，仅 12 月就发生了 5 次大范围的重污染过程。若以 $PM_{2.5}$ 24 h

平均浓度超过 150 μg/m³ 记为重霾污染事件，北京、天津、石家庄 2013 年全年发生重霾污染事件分别为 33 次、41 次和 70 次，冬季为重霾污染发生频次最高的季节，占全年重霾发生事件总量的 50% 以上，石家庄则高达 70%；京津冀区域性重霾污染事件冬季出现的频次占全年的 80%。

三、传统三大污染物浓度逐渐下降，PM₁₀和NO₂仍超质量标准

京津冀 PM₁₀ 污染问题依然十分突出，NO₂ 污染紧随其后（见图 4-2）。2018 年，京津冀 PM₁₀ 年均浓度为 88 μg/m³，超标 25.7%，区域内所有城市均超标；NO₂ 年均浓度为 44 μg/m³，超标 10%，仅两个城市达标；SO₂ 年均浓度为 12.7 μg/m³，所有城市均实现达标。1998 年以来，北京三大传统污染物浓度均呈显著下降趋势，即便如此，到 2018 年 NO₂ 和 PM₁₀ 仍未达标；天津和河北自 2010 年之后三大传统污染物浓度升高，尽管自 2013 年开始逐年降低，但 PM₁₀ 和 NO₂ 仍然多年超标。

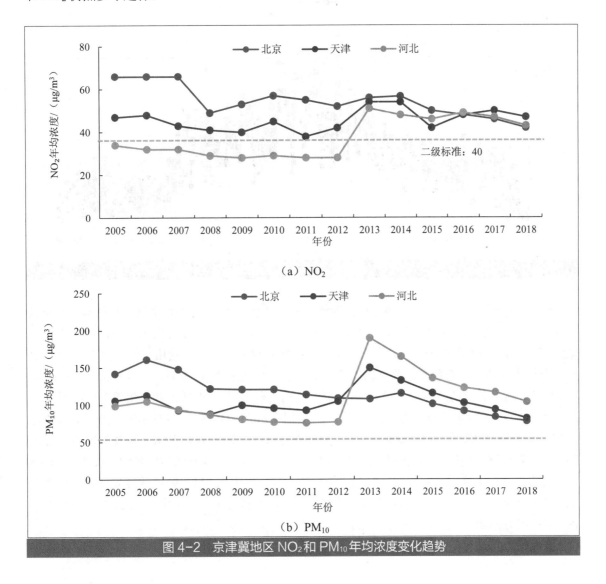

（a）NO₂

（b）PM₁₀

图 4-2 京津冀地区 NO₂ 和 PM₁₀ 年均浓度变化趋势

四、夏季以 O₃ 为代表的光化学污染频发，新型污染特征须警惕

京津冀地区出现 O_3 污染的季节特征明显，主要集中在温度、湿度、光照适宜的 4—10 月（见图 4-3）。近几年，夏季 O_3 污染成为"拖累"京津冀空气质量的"罪魁祸首"。2017 年京津冀 O_3 最大 8 h 均值第 90 百分位数年均浓度为 193 μg/m³，较 2016 年上涨 12.2%。中国科学院华北区域大气本底站河北兴隆观测站 2009—2011 年 6—8 月的 O_3 小时观测浓度显示，3 年夏季中 O_3 的最高浓度平均值分别为 172 μg/m³、196 μg/m³ 和 203 μg/m³，呈逐年递增的趋势，且 2010 年和 2011 年均超过国家 O_3 二级标准。2012 年和 2013 年，北京、天津、河北兴隆、石家庄 O_3 最大小时浓度（最大 8 h 平均浓度）数据表明，这些地区均出现了不同程度的 O_3 浓度值超标的现象。此外，O_3 浓度具有明显的日变化特征，常在午后达到一天之中的浓度峰值。

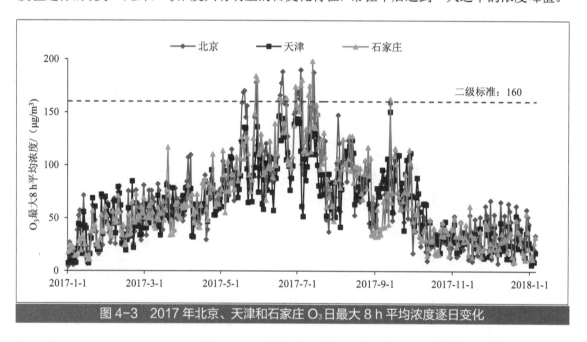

图 4-3　2017 年北京、天津和石家庄 O_3 日最大 8 h 平均浓度逐日变化

O_3 的形成主要与其前体物 NO_x 和挥发性有机化合物（VOCs）关系密切。在高温、强光照条件下，大气中的 NO_x 和 VOCs 会发生光化学反应生成 O_3。NO_x 主要是通过燃烧过程产生的，如汽车、飞机、内燃机及工业窑炉的燃烧过程；此外也来自生产、使用硝酸的过程，如氮肥厂、有机中间体厂、有色及黑色金属冶炼厂等。京津冀地区 NO_x 主要以工业和机动车排放为主，占 NO_x 排放总量的 75%左右。VOCs 主要来自机动车、石化工业排放和有机溶剂的挥发等。北京人为 VOCs 排放主要来源于汽车尾气、汽油挥发、石油液化气和石油化工等，其排放占比超过了人为 VOCs 排放的 55%；天津、河北的工业过程源占人为 VOCs 排放的比重超过了25%，多源于这些地区发达的炼焦业、原油加工业、有机化工业及化学制药业。此外，VOCs成分复杂，大多数物种具有较活跃的光化学反应活性，可生成 $PM_{2.5}$ 中的重要成分——二次有机气溶胶（SOA）。2014 年北京环保局公布的 $PM_{2.5}$ 源解析结果显示，含有 SOA 的有机气溶胶占 $PM_{2.5}$ 组分的 26%。

五、污染物跨界输送态势显著，周边污染影响不可忽视

污染物区域跨界输送对京津冀地区 $PM_{2.5}$ 浓度的贡献不可忽视，包括京津冀地区内部各城市之间的相互输送和其他省市与京津冀地区的相互输送。京津冀鲁豫及内蒙古中部地区地处环渤海经济带，大部分地区受到太行山和燕山山脉的弧状半包围，同时濒临渤海，属于海陆交接地区。受此影响，该地区常年盛行两个风场辐合带（污染物汇聚带），即沿豫北—冀南—天津—北京—冀北沿线以及鲁西南—冀东—天津—冀北沿线的风场辐合带。在此辐合带的影响下，京津冀地区污染物受到处于主导上风向、相邻排放较大城市和省份的输送影响显著。2014 年北京市发布的 $PM_{2.5}$ 源解析结果表明，周边城市对北京市 $PM_{2.5}$ 浓度的贡献有 28%～36%，其余为北京市本地污染物排放贡献，特殊重污染过程中区域传输贡献可达 50%以上；天津市 $PM_{2.5}$ 来源中区域传输占 22%～34%；石家庄市 $PM_{2.5}$ 区域污染传输贡献 23%～30%。

利用 NAQPMS 对京津冀及周边地区 2015 年 $PM_{2.5}$ 输送贡献进行模拟计算和解析，结果表明，在年尺度上，京津冀地区 $PM_{2.5}$ 浓度主要受本地排放的影响，其中，天津、唐山和石家庄本地贡献达到 70%以上，北京、张家口、承德、秦皇岛、保定、邢台、邯郸和沧州的本地贡献在 60%以上。衡水和廊坊受外部输送影响较其他城市大，但本地贡献也分别达到 55%和 59%。各城市受到的外部输送影响统计结果如下，北京：保定（6.2%）、廊坊（4.1%）、天津（3.0%）；天津：山东（4.9%）、唐山（4.0%）、沧州（3.4%）；石家庄：保定（6.2%）、山西（4.9%）、邢台（4.0%）、河南（3.1%）；唐山：天津（5.3%）、山东（3.2%）；秦皇岛：唐山（18.2%）、辽宁（5.2%）、山东（4.2%）；邯郸：河南（9.8%）、邢台（7.2%）、石家庄（6.1%）、山西（5.9%）；邢台：石家庄（9.2%）、邯郸（8.5%）、河南（7.5%）、山西（6.0%）；保定：石家庄（7.8%）、山西（4.2%）、河南（3.9%）、北京（3.7%）；张家口：山西（12.7%）、内蒙古（10.4%）、北京（4.2%）、保定（4.1%）；承德：天津（6.6%）、北京（6.4%）、唐山（6.1%）；沧州：山东（9.1%）、天津（6.5%）、河南（4.3%）、衡水（3.4%）；廊坊：北京（8.9%）、天津（7.8%）、保定（4.6%）、沧州（4.5%）、山东（3.8%）；衡水：山东（7.4%）、河南（5.7%）、石家庄（5.6%）、邢台（5.1%）、沧州（3.9%）、邯郸（3.5%）。

在重污染过程中京津冀区域传输贡献的影响更为显著。2013 年 1 月 10—13 日 NAQPMS 数值模拟的不同地区对北京、天津、秦皇岛和沧州 $PM_{2.5}$ 浓度贡献表明（见表 4-1），北京对自身 $PM_{2.5}$ 浓度的贡献为 46.8 $\mu g/m^3$，占 $PM_{2.5}$ 总浓度的 48.3%，外来源主要为河北（26%）和内蒙古（10.8%）；天津对自身 $PM_{2.5}$ 浓度的贡献为 43.7 $\mu g/m^3$，外来源主要为河北（35.4%）、山东（9.9%）和北京（8.4%）；秦皇岛和沧州受到外界污染物输送的影响更加显著，河北对这两个城市的输送贡献达到了 42.8 $\mu g/m^3$（54.1%）和 85.1 $\mu g/m^3$（47.1%），秦皇岛受到其他地区（主要指辽宁）的输送影响比较大，达到 17.1 $\mu g/m^3$（21.6%）；沧州还受到山东和天津的输送影响，其污染物浓度贡献分别达 31.5 $\mu g/m^3$（17.5%）和 23.6 $\mu g/m^3$（13.1%），河南、安徽和江苏对沧州的贡献也达到 20.4 $\mu g/m^3$（11.3%）。

在更大的空间尺度上，京津冀及周边地区大气污染相互影响。从 2013 年 1 月 8—12 日我国东部 $PM_{2.5}$ 输送通量的模拟结果可以看出，在典型大气重污染过程中，8 日、9 日受偏北风影响，京津冀地区污染物输送到山东、河南、安徽和江苏北部等地区，输送通量超过了 800 $\mu g/(m^2 \cdot s)$，使得我国灰霾严重地区位于河北以南；10—12 日，受到我国东海上空弱

高压系统的影响，黄淮和华北地区盛行偏南风，华北地区受偏南风影响，将污染带沿河南—河北—北京以及山东—河北—渤海—东北一线向北输送至京津冀大部分地区和东北部分地区，输送通量超过了 800 μg/(m²·s)，天津和北京的 PM$_{2.5}$ 日均浓度增加至 200～400 μg/m³。

表4-1 2013年1月10—13日重霾期间不同地区对北京、天津、秦皇岛、沧州 PM$_{2.5}$ 浓度的贡献 单位：μg/m³								
城市	PM$_{2.5}$ 浓度	北京贡献	天津贡献	河北贡献	山东贡献	山西贡献	内蒙古贡献	河南、安徽、江苏贡献	其他地区贡献
北京	96.7	46.8	1.8	25.5	0.8	8.8	10.5	0.6	1.9
天津	133.9	11.2	43.7	47.4	13.3	3.3	5.0	5.2	4.8
秦皇岛	79.1	6.0	3.7	42.8	1.4	1.8	5.4	0.9	17.1
沧州	180.5	9.2	23.6	85.1	31.5	3.0	4.2	20.4	3.5

根据以上分析结果，按照对其他城市输送贡献和显著影响城市的个数，将京津冀全年尺度的 PM$_{2.5}$ 区域输送贡献解析结果与重污染期间的解析结果进行统计，得到京津冀及周边地区的主要输送源区。在京津冀内部，北京、天津、唐山、石家庄、保定、邢台、邯郸为主要输送源区；在京津冀周边地区，山东、河南和山西为京津冀地区的主要输送源区。

第二节 水环境演变趋势及现状

一、本地水资源极度短缺，水资源开发利用长期透支

京津冀地区总体上属于资源型缺水区域，高强度的社会经济活动导致京津冀地区水资源开发利用程度长期高于自然水循环的更新能力。京津冀地区人均水资源量远低于全国平均水平。2001 年以来，京、津、冀人均水资源量始终不足全国平均水平的 1/10，2002 年天津市的人均水资源量甚至不足当年全国平均水平的 1/60。

京津冀地区水资源总量低，水资源量年际变化较为显著，且有总量下降的趋势（见图4-4）。2001—2015 年，有 4 年（2001 年、2002 年、2006 年、2014 年）为枯水年，仅有 1 年为丰水年（2012 年），枯水年和偏枯水年共 9 年，占统计年份的 60%。这也使得近十几年间京津冀地区水资源总量平均值降低至 186 亿 m³，低于长时间序列多年平均值，表示可能存在气候变化的影响，加剧了该地区的水资源短缺现象。其中，2002 年为枯水年，地表水资源量为 37.25 亿 m³，地下水资源量为 92.57 亿 m³；2009 年为平水年，地表水资源量为 64.89 亿 m³，地下水资源量为 146.06 亿 m³；2012 年为丰水年，地表水资源量为 162.25 亿 m³，地下水资源量为 198.95 亿 m³。枯水年与丰水年相比，地表水资源量相差 125 亿 m³，相当于平水年地表水资源量；地下水资源量相差 106.38 亿 m³，相当于枯水年地下水资源量。

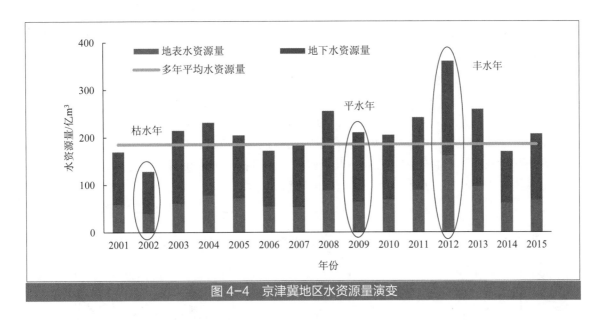

图 4-4　京津冀地区水资源量演变

京津冀地区三省市的水资源禀赋条件存在较大差异（见图 4-5）。北京市多年平均水资源量为 37.39 亿 m³，其中地表水资源量 17.72 亿 m³，地下水资源量 25.59 亿 m³；天津市多年平均水资源量为 15.71 亿 m³，其中地表水资源量 10.65 亿 m³，地下水资源量 5.9 亿 m³；河北省多年平均水资源总量为 204.69 亿 m³，其中地表水资源量 120.17 亿 m³，地下水资源量为 122.57 亿 m³。河北省各城市之间同样存在水资源量条件的差异。河北省排名前三的承德、保定、唐山与排名后三的衡水、廊坊、沧州水资源总量差距较大。

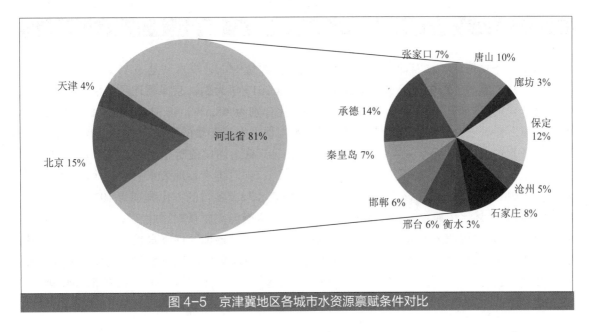

图 4-5　京津冀地区各城市水资源禀赋条件对比

2017 年京津冀地区的水资源总量仅 181.1 亿 m³（京、津、冀分别为 29.8 亿 m³、13.0 亿 m³、138.3 亿 m³），为多年平均值的 70.4%，属贫水年份。与此同时，2017 年京津冀地区总供水量为 248.6 亿 m³（京、津、冀分别为 39.5 亿 m³、27.5 亿 m³、181.6 亿 m³），除去南水北调水量、再生水量和海水淡化水量共计 20.6 亿 m³ 外，依靠传统地表水资源和地下水资源的供水水量达到 228.0 亿 m³。由此可知，2017 年京津冀地区的传统水资源开发利用率高达 137.3%，京、津、冀各自的传统水资源开发利用率分别为 132.6%、211.5%、137.3%，均远超国际通用的水资源开发利用安全界限（40%）。

2006 年以来，除个别年份（2012 年、2016 年）因水资源总量较为丰沛外，其他年份水资源开发利用强度均远超过 100%（见图 4-6），寅吃卯粮的现象已几近常态。京津冀地区水资源开发利用强度长期处于高位，社会经济发展建立在不可持续的水资源利用方式之上，给整个水生态系统服务功能的正常维持埋下了巨大的隐患。

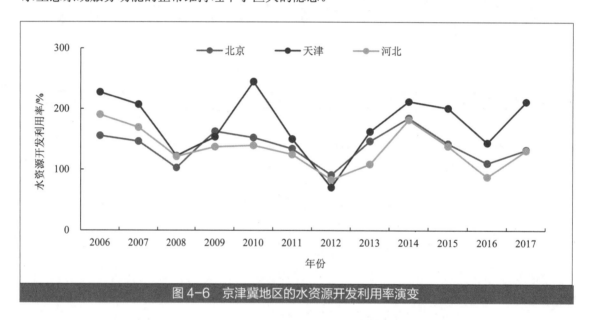

图 4-6　京津冀地区的水资源开发利用率演变

从多年平均值来看，京津冀地区可利用的水资源量中，地表水和地下水资源大约各占一半，其中京、冀两省市的地下水资源占比更高。以 2017 年为例，京津冀地区的地下水资源占水资源总量的 78.5%，其中京、津、冀各自的占比分别为 68.5%、42.3% 和 84.1%（含与地表水资源重复量）。2017 年京津冀地区地下水供水与地下水资源量的比值高达 96.5%，其中京、津、冀各自的占比分别为 81.4%、83.6%、99.7%（计算上述比值时未扣除地下水资源和地表水资源重复量，因此实际地下水开发利用强度更高）。同时再考察地表水供水与地表水资源量的比值，2017 年京津冀地区该比值为 112.4%，其中京、津、冀各自的占比分别为 103.3%、215.9%、99.0%（计算上述比值时也未扣除地下水资源和地表水资源重复量，因此实际地表水开发利用强度更高）。京津冀地区供水结构中地下水份额居高不下，该地区地下水长期被超量开采，其直接结果就是大面积地下水漏斗的出现（见图 4-7）。京津冀地区地下水漏斗面积较大区域分布在衡水、沧州、邯郸、天津、邢台和唐山，占各自辖区面积比例分别为 100.0%、39.5%、45.9%、33.2%、23.3%、22.7%，其中衡水深层地下水漏斗面积达到 8 815 km²。

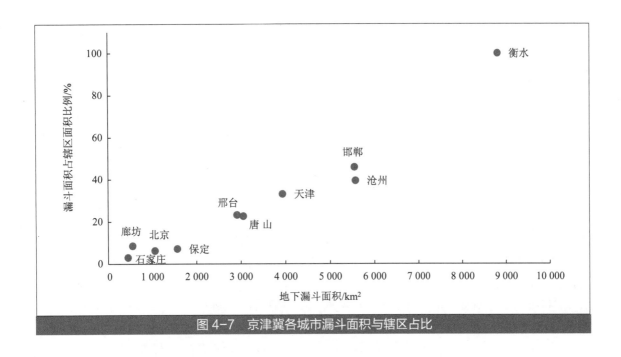

图 4-7　京津冀各城市漏斗面积与辖区占比

二、流域水污染改善缓慢，中下游水质长期不达标

京津冀地区地表水环境质量改善缓慢，难以完全达到水功能区水质目标（见图 4-8）。京津冀地区总体上位于海河流域中下游，总河长约为 11 563 km。除山区部分水系河流能够稳定达标外，京津冀中下游地区河道多为Ⅴ类和劣Ⅴ类。2005 年以来，京津冀地区劣Ⅴ类河流长度占比一直在 40% 左右波动，在 2008 年达到 45% 后逐年下降。但是Ⅲ类及以上水体占比自 2005 年开始波动下降，由 2005 年的 60% 降至 2017 年的 47%。京津冀地区长期以来面临着水环境质量恶劣的严峻形势。

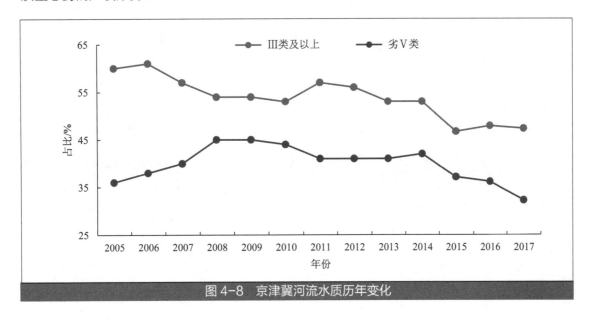

图 4-8　京津冀河流水质历年变化

2017 年，北京市共监测五大水系有水河流 98 条段，长 2 433.5 km，其中，Ⅱ类、Ⅲ类水质河长占监测总长度的 48.6%；Ⅳ类、Ⅴ类水质河长占监测总长度的 16.7%；劣Ⅴ类水质河长占监测总长度的 34.7%。主要污染指标为 COD、生化需氧量和氨氮等，污染类型属有机污染型。天津全市 20 个国家考核断面中，Ⅰ～Ⅲ类比例为 35%，劣Ⅴ类比例为 40%。主要污染物氨氮和总磷明显改善。2017 年河北省河流水质总体为中度污染，Ⅰ～Ⅲ类比例为 48.1%，Ⅳ类水质比例为 15.8%，Ⅴ类和劣Ⅴ类水质比例分别为 6.3% 和 29.8%。全省河流主要污染物为 COD、生化需氧量和总磷，超标率分别为 44.3%、39.9% 和 36.1%。总体分析京津冀地区河流水环境状况，7 个水系中，水质稍好的是滦河与冀东沿海水系、永定河水系，水质最差的是北三河水系和黑龙港运东水系。7 个水系中下游段普遍存在水质不达标现象。位于流域中下游地区的沧州、廊坊、邢台、天津等城市水质最差，劣Ⅴ类水体比例均接近或高于 80%；位于滦河与冀东沿海水系的承德、唐山和秦皇岛河流水质较好，优于Ⅳ类水的比例高于 75%。

京津冀地区位于海河流域中下游区域，除接纳本地污染物排放外，还要被动接受上游来的污染物。如果上游来水不能保证稳定达标或者占标率较高，先行占用了本就有限的水环境容量，将进一步加剧整个京津冀地区水环境承载力的稀缺。上游输入及主要影响的水系包括：内蒙古自治区排污对滦河水系水质的影响，山西省排污对永定河、大清河、子牙河、漳卫南运河水系水质的影响，以及河南省排污对漳卫南运河水系水质的影响。另外，除冀东沿海水系（秦皇岛和唐山）有一些本地发源且独流入海的河流外，京津冀地区大多数河流在不同城市间存在跨界输送，由于整体环境纳污能力低，一旦出现不达标现象，往往会在区域内从上、中游传递至下游乃至入海口，环境质量恶化现象连片发生。

根据 2015 年 4 月的数据，京津冀地区共计 36 个省界断面，其中不达标断面 18 个，即 50% 的省界断面不达标；劣Ⅴ类水质断面 14 个，即 38.9% 的省界断面为劣Ⅴ类水质。区域内部跨三省市监测断面 27 个，其中不达标断面 21 个，即区域内部 77.8% 跨界断面不达标，且不达标断面均为劣Ⅴ类水质。可见，在水环境承载力先天不足的背景下，外部输入和上下游跨界传递导致了京津冀地区水环境质量的进一步恶化。

京津冀地区黑臭水体改善情况较为明显（见表 4-2）。截至 2019 年 12 月，京津冀地区共排查出黑臭水体 126 处，已完成治理 120 处。其中北京市黑臭水体包括 58 条河流，全部完成治理；天津市黑臭水体包括 26 条河流，其中 25 条已经完成治理，仅滨海新区下坞泵站干渠仍在治理中；河北省黑臭水体包括 37 条河流和 11 个塘湖，主要分布在大清河水系和子牙河水系（滏阳河）的城区段，其中衡水、保定和邯郸的黑臭水体个数居多，占河北省黑臭水体总数的 52%。目前除衡水（3 个）及张家口（1 市）仍有部分黑臭水体在治理中，多数黑臭水体治理工作已完成。

表 4-2　京津冀各城市黑臭水体及治理情况

城市	黑臭水体数量		治理情况
	河流/条	塘湖/个	
北京市	58	0	治理完成
天津市	26	0	治理中：下坞泵站干渠
石家庄市	0	5	治理完成
唐山市	5	0	治理完成

城市	黑臭水体数量		治理情况
	河流/条	塘湖/个	
秦皇岛市	2	0	治理完成
邯郸市	6	1	治理完成
邢台市	4	0	治理完成
保定市	9	0	治理中：环堤河
张家口市	1	0	治理中：东沙河流域桥东区段
沧州市	1	4	治理完成
廊坊市	1	0	治理完成
衡水市	8	1	治理中：闸西排干渠、班曹店排干渠、胡常排干渠（西段）

三、区域水循环严重破坏，威胁区域生态系统安全

受气候变化和人类活动影响，京津冀地区区域水循环受到严重破坏。京津冀地区降水量呈现波动中降低的趋势（见图4-9）。北京市多年平均降水量523 mm，在20世纪60年代、70年代和80年代均出现过降水量连续多年低于平均水平的干旱状况，最近一次甚至出现了从1999年至2010年连续12年干旱。以10年为周期观察，可以发现其年均降水量从20世纪50年代接近800 mm下降到21世纪初的不足600 mm。近50年来，京津冀地区所有站点降水量都在减少，东部地区降水减少比西部地区快，北京及周边减少得最快，但大部分地区降水减少并不显著，只有东部沿海地区降水发生了突变，显著减少。虽然西部地区降水减少不十分显著，但由于西部地区降水量最低，在降水减少的趋势下，目前已有局部地区降水量仅300 mm。同时，京津冀地区水资源开发强度超载，大量构筑水库和人工闸坝，地表水拦蓄工程近10年平均蓄水量约66亿 m^3，占平均地表水资源总量的62%以上。近50年来，入海河流径流量逐渐减少，且主要是汛期洪涝水和污水，遇干旱年份，入海水量几乎为零。海河流域中下游近10年入海水量平均小于20亿 m^3/年，不足多年平均入海水量的1/5（见图4-10）。入海水量下降，致使河口区发生海相淤积，尾闾不畅削弱了入海河流的泄洪排涝能力。

20世纪50年代以来，京津冀地区很多河流的水量逐渐减少甚至发生断流。河流水量减少，河道干枯断流，导致区域内湿地面积也大量萎缩。20世纪60年代，海河流域20条主要河流中有15条发生断流，年均断流84 d，河道干涸长度683 km；到70年代，发生断流的河流增加到19条，年均断流时间增加到186 d，河道干涸长度增加到1 335 km；80年代至90年代，由于降水偏少，河道断流进一步加剧，平均河道干涸长度1 811 km，年均断流时间超过230 d；近年来，海河流域中下游地区4 000 km以上的河道发生断流，断流300 d以上的占65%，一些河道甚至由季节性断流变为全年断流。根据对京津以南平原区17条主要河流河干情况的统计，1980—2005年各河年平均河干断流天数达336 d，而永定河在此期间内仅有1980年、1995年和1996年有过水记载，其余年份全年无水。近年来，河道断流情况虽有一定改观，但距离全面恢复则任重道远。以北京市为例，2004—2015年，北京市断流河长在2011年达到最大值，最长断流351 km，占监测河长的13.8%。近些年，北京市由于大力推行利用再生水补给河湖，2011年之后断流河道长度逐年减少，2015年减少37.4%。但是截至2015年仍存在河道断流问

题，断流河道长度为 219.7 km，占监测总河长的 8.6%。

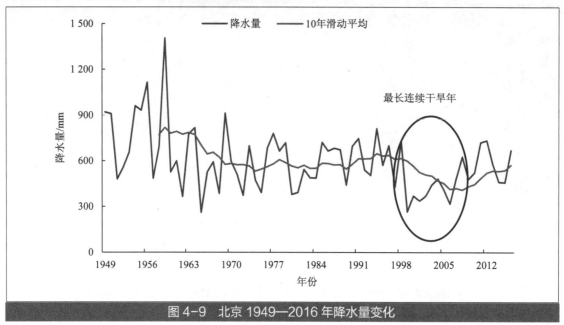

图 4-9　北京 1949—2016 年降水量变化

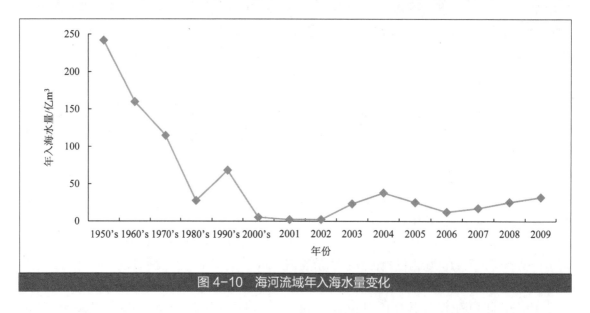

图 4-10　海河流域年入海水量变化

京津冀地区高负荷用水与降水逐年减少加剧了水生态退化，流域生态安全格局遭到破坏。大量拦蓄工程掠夺性开发水资源、用水结构粗放等一系列水资源长期不合理的利用，加上降水逐年减少的气象条件，导致京津冀河湖湿地等水生态系统健康受到严重威胁，出现地下水资源超采严重、地表水与地下水连接中断、河湖水体破碎化、河湖湿地大面积消失、湿地洪水调蓄和水源涵养功能降低等一系列生态问题。近 10 年京津冀地区地下水资源利用率为 120%～160%，浅层地下水开采程度达 80% 以上，深层地下水开采程度达 140% 以上，地下水位持续下降，形成了众多的地下水漏斗。本次调查（2009—2013 年）与第一次调查（1995—2003 年）相比，京津冀地区的湿地面积减少 46%，天然湿地比例下降，水源涵养与洪水调蓄功能下降，生物多样性降低。白洋淀湿地、南大港湿地由于生态缺水严重、上游水质恶化，近年来面积大幅减少；衡水湖已基本丧失自然流域系统的水源补给，仅依赖人工调水维持。河北省20世纪50年代面积在7 km² 以上的洼淀共有11 080 km²，到2009年仅有600 km²；全省水面覆盖率由20世纪50年代的2.9%降到80年代的0.2%。

多年来，在人为干扰日益加剧的条件下，白洋淀生物结构破坏和食物链断裂造成水体水质日益恶化，生态功能逐步退化，向藻型湖泊演化的进程加快，沼泽化趋势明显，淀内生物栖息失去了应有的亲水空间，生物多样性下降。白洋淀总流域面积31 199 km²，占大清河水系流域面积的96%以上，是河北省境内最大的湖泊；有85%的水域属于河北省安新县，几乎占安新县面积的一半。雄安新区的建立再一次使白洋淀流域水资源环境保护成为京津冀地区的焦点。白洋淀上游9条河中目前只有3条河没有断流，由于长期缺乏稳定的生态补给，白洋淀水面面积已由50年代的360 km² 萎缩至100 km²。白洋淀蓄水主要来自大清河上游地区降水在地表形成的径流。20世纪60年代以来，由于白洋淀上游陆续修建了5座大型水库和1座中型水库，加之本流域水资源开发利用程度的提高，入淀水量逐渐减少，多次濒临干淀，需要依赖上游水库放水补淀来维持，但均属于被动应急性质，没有形成生态补水长效机制。目前白洋淀仍缺乏可靠的水源保障。特别是1983—1988年连年干淀，白洋淀的水产资源遭到了毁灭性的破坏，1989年重新蓄水后，虽然部分水生生物种类有所恢复，但生物种群发生了重大变化。白洋淀中的鱼类由54种减少至30种，浮游植物和动物分别减少了28.6%和18.3%，耐污种逐渐占据优势，个体数量增加了15.1%；栖息于白洋淀区的野鸭、鹈鹕等近乎绝迹。

四、湖库水质总体尚好，局部饮用水水源存在安全风险

2017年，北京市区域内监测湖泊22个，水面面积720万 m²，其中Ⅱ类、Ⅲ类水质湖泊占监测水面面积的47.6%，Ⅳ类、Ⅴ类水质占40.7%，劣Ⅴ类水质占11.7%，主要污染物为COD、总磷、生化需氧量，富营养化现象有所好转。监测水库18座，平均蓄水量25.1亿 m³，其中Ⅱ类、Ⅲ类水质水库占监测水面库容的82.5%，Ⅳ类水质占17.5%，主要污染物为总磷。

天津市主要水库中，北大港水库库干，于桥水库及尔王庄水库全年水质均优于Ⅲ类，团泊洼水库全年水质劣于Ⅴ类，主要污染物为氟化物、氨氮和高锰酸盐指数。于桥水库和尔王庄水库为轻度富营养，团泊洼水库为中度富营养。

河北省2017年监测15座湖库淀，不计总氮，岗南水库等10座水库水质达到Ⅱ类水质标准，水质为优；邱庄水库水质为Ⅴ类，中度污染，主要污染物为总磷；衡水湖水质为Ⅳ类，轻度污染，主要污染物为COD；白洋淀水质为Ⅴ类，中度污染。白洋淀淀区内2015—2017年8个点位中达到Ⅳ类的点位占37.5%，Ⅴ类占比37.5%，劣Ⅴ类占比25%，所有监测点位水质均不满足功能区水质要求（Ⅲ类）。2011—2017年，白洋淀主要污染物为COD、总磷、氨氮，整体表现为富营养化污染（轻度）和水体需氧物质污染。2019年1月，淀区总体水质为Ⅳ类。达到或好于Ⅳ类的点位占75%，Ⅴ类点位占25%，水质明显好转（见表4-3）。

京津冀地区的集中式地表饮用水水源地以水库为主，水质整体较好。但一些水库也受到周边开矿排水、村庄生活污水、网箱养鱼等人为活动的影响，水质呈现恶化趋势。例如，天津市于桥水库的综合营养状态指数近年来呈现上升趋势，从中营养水平转为轻度富营养水平。因此，京津冀地区集中式地表饮用水水源地的水质基础较好，但存在水质恶化的风险。

表 4-3　白洋淀点位 2019 年 1 月水质状况

点位名称		2019 年国考目标	水质类别	主要污染物（超 III 类标准）
湖心区	圈头	IV	III	—
	光淀张庄		IV	COD
	采蒲台		IV	COD
	烧车淀		V	氨氮
南刘庄		V	V	总磷、COD
枣林庄		IV	III	—
王家寨		IV	III	—
端村		IV	IV	COD

地下水是京津冀地区的重要供水水源，特别是河北省和北京市，地下水占总供水量的比例分别高于75%和55%，并且这两个省市村镇分散式饮用水水源也以地下水为主。然而，京津冀地区的地下水受到了不同程度的污染。2014年《北京市水资源公报》的数据显示，北京市浅层地下水达到或优于III类水质标准的区域面积占平原区总面积的52%，深层地下水达到或优于III类水质标准的区域面积占评价区面积的78%，超标指标包括总硬度、铁、锰、氟化物、氨氮等。2013年《河北省地质环境状况公报》表明，河北省部分区域的潜水和承压水存在亚硝酸盐、硝酸盐等指标超标的现象。此外，在沿海地区，地下水超采引起的海水入侵也影响了地下水水质及其使用。因此，需要加强地下水源的涵养和保护，特别要重视村镇地区分散式饮用水水源地的水质改善和安全管理。

五、近岸海域水质普遍较差，富营养化状况依然严重

2017 年，渤海近岸海域海水环境污染依然严重（见图 4-11）。劣四类水质海域各季平均面积为 3 700 km²，约占渤海总面积的 4.8%，主要分布在辽东湾、莱州湾和渤海湾近岸海域。2017 年渤海湾劣四类海水比例为 9.9%。2011—2016 年，渤海湾四季均有劣四类海水水质标准的海域，是我国 9 大海湾中水质等级为"差"的海湾。无机氮是渤海劣四类水质海域的主要污染因素，冬季、秋季渤海中部局部海域活性磷酸盐超第一类海水水质标准。2001 年以来，夏季渤海海水环境污染程度总体呈上升趋势。近 3 年来，渤海污染海域面积有所减少，但海洋环境污染形势尚未根本好转。近几年，津冀地区入海污染物总量基本维持在 5 万 t 左右，约有 70%的陆源排污口有污染物超标现象，主要超标污染物（或指标）为悬浮物、总磷、COD 和粪大肠菌群等。

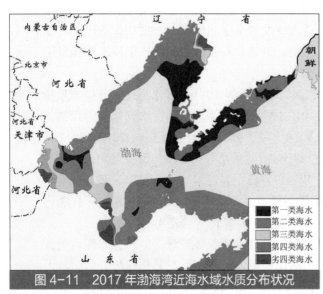

图 4-11　2017 年渤海湾近海水域水质分布状况

资料来源：2017 年中国近岸海域环境质量公报。

2017 年，河北省近岸海域海水环境质

量总体一般（见图4-12），冬季、春季、夏季和秋季全省达到第一、第二类海水水质标准的海域面积分别为 6 038 km²、6 177 km²、6 226 km² 和 4 822 km²，分别占近岸海域总面积的 84%、85%、86% 和 67%，污染较重的第四类和劣四类水质主要出现在沧州近岸海域。海水环境主要污染物为无机氮、活性磷酸盐、COD 和油类。沧州市管辖海域冬季、春季和秋季均劣于第二类海水水质标准，夏季符合第一、第二类海水水质标准的海域面积也仅占 50%。

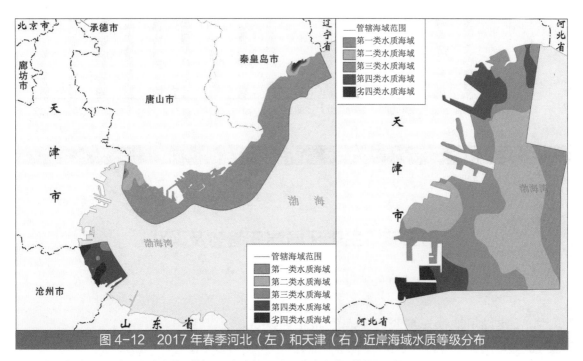

图 4-12　2017 年春季河北（左）和天津（右）近岸海域水质等级分布

资料来源：2017 年河北省海洋环境状况公报和 2017 年天津市海洋环境状况公报。

2017 年天津海域符合第一类和第二类海水水质标准海域面积为 477 km²，劣四类海水水质标准的海域面积为 264 km²，整体水准状况基本稳定（见图 4-12）。全年四次监测海水水质状况春季最好，秋、冬季水质状况较差。影响天津海域水质状况的污染物主要为无机氮和活性磷酸盐。与上年同期相比，冬季和秋季水质状况有所好转，春季和夏季水质状况略有变差。2017 年监测的 12 个主要陆源入海排污口监测达标率为 2.8%，低于 2016 年。主要污染物为 COD、粪大肠菌群和五日生化需氧量；北塘入海口和大沽排污河入海口邻近海域环境质量综合评价等级结果为一般。潮白新河、蓟运河和永定新河 3 条河流水质均劣于第Ⅴ类地表水环境质量标准，主要污染物为 COD、总氮和总磷。

2017 年渤海湾冬季轻、中、重度富营养化的海域面积分别为 4 450 km²、1 490 km²、710 km²，夏季增加到 8 330 km²、3 030 km²、900 km²，主要为轻度富营养化。津冀地区每年平均发生赤潮 4 次左右，但近几年赤潮的发生次数和涉及面积逐年增加，对该海域的生态环境造成了一定的威胁。津冀地区 2001—2017 年赤潮次数如图 4-13 所示，2012 年有波动上升的趋势。2012 年虽然累计赤潮次数为 8 次，但其赤潮面积占比为总海域的 87.1%，比 2002 年的 0.8% 增加了 86.3%。到 2014 年，该区域赤潮发生次数和所占面积都有所减少，赤潮共计发生 7 次，覆盖海域面积为 58.8%，较 2012 年下降 28.3%。2017 年发生赤潮 12 次，爆发次数大幅上升，累计面积达到 342 km²。引发赤潮的原因主要为海洋原甲藻、抑食金球藻、角毛藻、夜光藻等。

图 4-13　津冀地区 2001—2017 年累计赤潮次数

第三节　生态环境演变趋势及现状

一、建设用地快速增长，生态空间受到挤占

1984—2015 年，京津冀地区的生态系统结构发生了显著变化（见图 4-14 和图 4-15）。城镇建设用地快速增长，由 1984 年的 11 885 km² 增加到 2015 年的 24 496 km²，增幅达 106.12%，年均上升幅度 7.07%，面积占比由 5.55% 增加至 11.32%。城镇建设用地增长集中在北京市周边

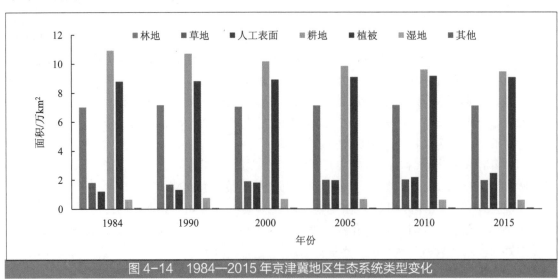

图 4-14　1984—2015 年京津冀地区生态系统类型变化

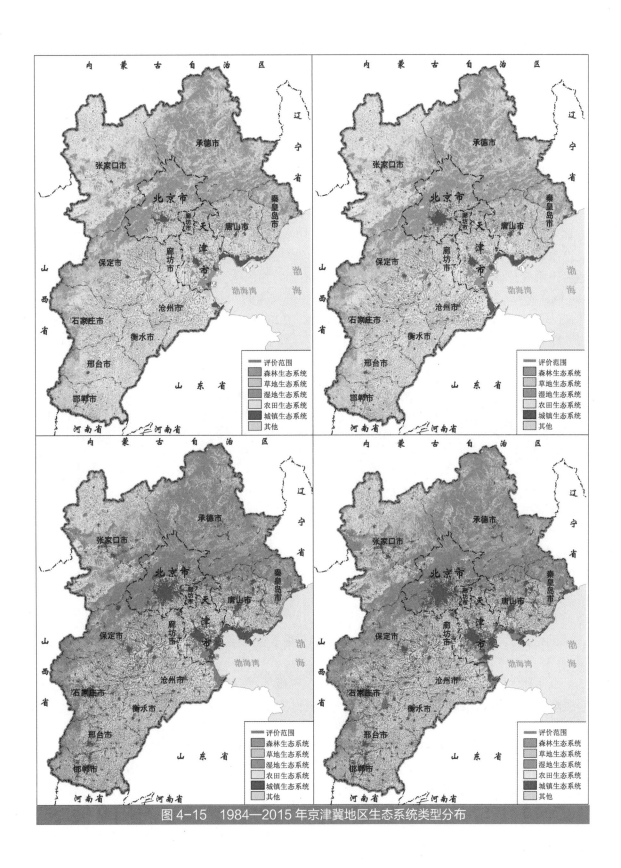

图 4-15 1984—2015 年京津冀地区生态系统类型分布

县市区（廊坊、保定）和东部沿海地区。其中，以北京为中心半径 30 km 范围内，开发建设强度达到 57.6%。1984—2015 年，京津冀地区农田生态系统和湿地生态系统的面积大幅减少。其中，农田生态系统面积减少得最明显，从 1984 年的 109 172 km² 减少到 2015 年的 94 676 km²，面积减少了 14 496 km²，降幅达 13.28%，占区域面积的比例也从 1984 年的 50.59%下降到 2015 年的 43.87%。湿地生态系统的面积比例减少了 5.13%，湿地面积经历了"先增加，后减少"的过程。总体来看，随着城镇化进程的发展，京津冀地区的森林和湿地生态系统被保护、修复，部分半自然半人工生态系统（农田生态系统）转变为建设用地，导致城镇生态系统面积显著增加。

分析1984—2015年京津冀地区土地覆盖转移矩阵（表4-4）。1984—2015年，京津冀地区森林生态系统总体增加1 084 km²，其中转换为其他生态系统类型的面积有4 473 km²，从其他生态系统类型转入森林生态系统的有5 557 km²，农田生态系统是转出和转入的主要类型。草地生态系统总体增加1 644 km²，农田生态系统是其增加的主要来源。湿地生态系统总体减少364 km²，转移为城镇生态系统和农田生态系统，分别为972 km²和794 km²。农田生态系统总体减少了15 068 km²，主要转为城镇生态系统（12 066 km²）。城镇生态系统总体增加了12 693 km²，主要来源是农田生态系统，同时也减少了1 448 km²，其中1 057 km²转为农田生态系统。

表 4-4　1984—2015 年生态系统类型转移矩阵　　　　　　　　　　　　单位：km²

2015 年 1984 年	森林	草地	湿地	农田	城镇	其他
森林	65 488	1 746	84	1 965	619	58
草地	1 832	14 301	77	1 109	448	77
湿地	80	145	175	794	972	78
农田	3 463	3 088	1 352	89 303	12 066	114
城镇	117	113	147	1 057	10 226	14
其他	65	94	47	89	36	333

二、海岸带无序开发，近岸海域生态功能不断衰退

京津冀地区大规模围填海和港口建设造成生态破坏，自然岸线和滩涂湿地大幅萎缩。京津冀地区自然岸线开发比例已达到较高的水平，河北省自然岸线保有量不足 15%，天津已几乎没有自然岸线。截至 2010 年年末，天津、河北围填海面积分别达 106.9 km² 和 430.5 km²，规划至 2020 年围填海规模仍将分别增加 92 km² 和 149.5 km²。津冀地区滨海湿地面积已不足新中国成立初期的 30%，河北省自然湿地占滨海湿地比重由 20 世纪 50 年代的 97%降至 50%，人工湿地面积剧增。天津大量滩涂湿地永久性丧失，盐田湿地面积持续下降，位于塘沽区中部、天津港北部的大片盐田到 2009 年已经消失殆尽，全部变更为城市建设用地。

一方面，近岸海域生态退化严重，生物多样性丧失。根据海洋环境公报等统计数据，津冀地区近岸海域多年来一直处于亚健康状态，海河河口常年处于淤积状态，生物多样性显著

降低。河口湿地除筑造堤坝、围垦直接造成生物多样性下降外，因水源短缺，大量芦苇沼泽湿地干旱化，大批喜水生物种类灭绝；同时由于盐田和养殖池塘的修建，使水质咸化，直接破坏了芦苇和水生生物的生境，进而影响其他野生动物的食物来源和生活环境，使野生动物的种类和数量逐年减少，生物多样性降低。另一方面，渤海海洋生态用水量明显减少，盐度明显升高。渤海湾是渤海盐度升高最大的海区，河口区盐度升高已经严重地改变了河口生境，致使多数产卵场退化或消失，海洋生态用水减少已经成为渤海突出的生态问题之一。渤海20年来海洋生物群落结构，尤其是潮间带生物、底栖动物、游泳动物群落结构发生了明显的变化，呈现出严重退化的趋势。传统的优质渔业经济种类大多数已形不成渔汛，经济鱼类向短周期、低质化和低龄化演化。优质经济鱼类产量减少了90%，低质鱼类已成为主要捕捞对象。

三、城市生态系统退化显著，城市热岛范围扩大

京津冀地区城镇蔓延危及重要生态廊道，生态用地破碎化加剧。京津冀地区土地城镇化显著，以北京市为例，随着城市建成区向北部和东北部不断扩张，潮白河、温榆河、北运河生态廊道附近建设用地大量增加，湿地和林草地减少。2015年，北京市绿化隔离带集中分布在四环至六环（见图4-16），占区域总面积的20%左右，以人工植被为主；中心城区（东城区、西城区）内绿地率仅为20%左右，远低于全市平均水平（46%），缺少具有独立生态功能的生态用地，这也对城市微环境（如热岛）造成了影响。

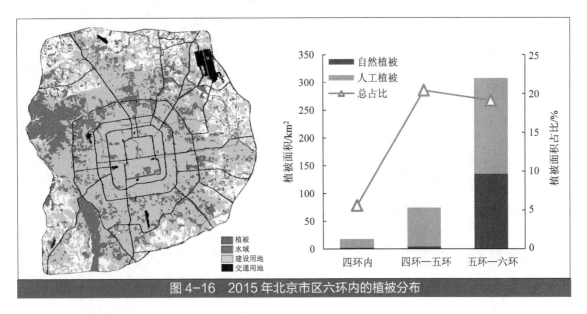

图 4-16　2015 年北京市区六环内的植被分布

京津冀地区城市快速扩张造成热岛范围扩大。城镇化进程中城市发展、人口密度增加造成城市土地利用/覆盖变化和人为热源改变，局地小气候受人工下垫面的影响越来越严重，导致城市热岛范围更广、强度加大。运用 TM/ETM 影像进行北京市地表温度反演，结果显示，热岛沿主要交通轴线和城市新区蔓延，1992—2016 年，北京高温区（30℃以上）面积增加超过两倍。同时伴随着城市园林绿化的不断加强，植被生长茂盛地区的热力强度相对降低。

第四节　土壤环境现状及历史变化趋势

一、产业转移力度加大，城市污染场地再利用存在风险

近年来，京津冀地区大力推进产业转移、"退二进三"，由此带来的场地污染风险也在上升。京津冀地区城镇范围内的污染企业转移带来的土地污染问题突出，北京市东部酒仙桥—焦化厂化工区、首钢原址等区域重金属污染较重，天津滨海工业区94.7%土壤受多环芳烃污染，河北省矿业开采、金属冶炼聚集区土壤铅、镉污染严重。

结合京津冀地区信息点（POIs）数据和环统统计数据，识别出京津冀地区工业污染地块，如图4-17所示。其中，高风险工业地块面积共2 400 km²，占京津冀地区工业用地总面积的28.8%，主要分布在北京城区五环外、天津主城区快速路以外和滨海新区沿海地区；河北省高风险工业地块面积占京津冀总面积的71.5%，广泛分布在冀中南平原地区和唐山曹妃甸沿海地区。

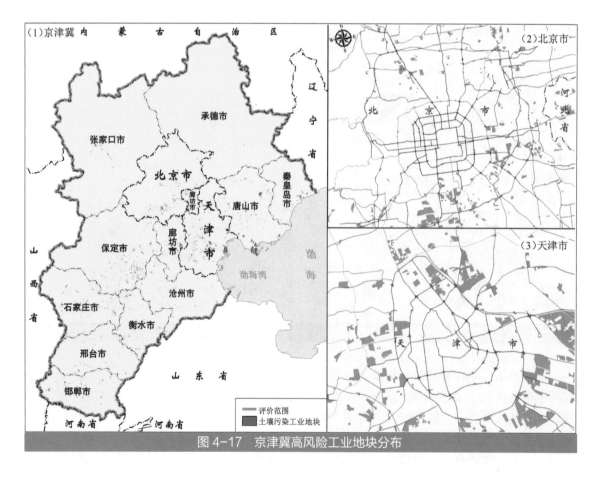

图4-17　京津冀高风险工业地块分布

二、京津冀地区耕地质量下降，土壤累计性污染问题突出

京津冀地区污灌及化肥农药施用导致部分农用地中重金属污染物积累、超标。京津冀地区土壤缺磷、缺钾，有机质含量不足，同时土壤中缺少锌、锰、硼、铁等微量元素，使耕地养分失调，土壤肥力严重下降。污水灌溉导致京津冀地区土壤重金属污染问题尤为突出，河北保定、沧州、石家庄、邯郸等地均分布有大型污灌区，河北省每年引灌污水量占全省污水排放总量的 41.0%，污灌造成土壤中铜、锌、铅、镉和铬的累积，部分地区土壤镉浓度已高达土壤背景值的 8.5 倍和国家标准值的 8.3 倍。永定河、凉水河、北运河、龙凤河、子牙新河、泜河、府河、南排河等河流周边存在较大面积的重金属超标区域。

京津冀作为我国较早开展工业化建设的地区之一，城区内的生产企业大多是生产历史悠久、工艺设备相对落后的老企业，经营管理粗放，环保设施缺少或很不完善。在国家"退二进三""淘汰落后产能"等政策指导下逐步外迁后，留下了大量工业污染场地。近 30 年来，北京市工业场地搬迁置换土地接近 20 km²，接近北京市城六区国土面积的 1.5%。到 2016 年年底，根据《北京市工业污染行业生产工艺调整退出及设备淘汰类目录（2014 年版）》（京政办发〔2014〕56 号）中涉及的相关产业和设备核算，北京将在通州、门头沟等区县进一步关停和迁移 1 200 家企业。与此同时，2016 年年底之前天津市 50% 的化工企业将搬离城区，河北石家庄和沧州分别将有至少 18% 和 75% 的化工企业从城区中迁出。届时，京津冀地区工业搬迁弃用地面积将进一步提高。这些废弃工业场地主要以有机污染与重金属污染为主，有些污染物浓度非常高，有的超过有关监管标准的数百倍甚至更高，污染深度甚至达到地下十几米，有些有机污染物还以非水相液体的形式在地下土层中大量聚集，污染物之间相互复合成为新的污染源，有些污染物渗透至地下水并扩散导致更大范围的污染。

尽管京津冀地区累计查明污染场地总面积在增加，污染场地修复工作进展却相对缓慢，人居环境安全风险隐患较大。以北京为例，从 2005 年至今，北京市对 50 个工业企业搬迁后遗留、准备再开发的污染工业场地进行了调查，涉及钢铁、焦化、化工、染料、纺织、印染、汽车制造、农药等行业。调查发现，这 50 个场地中存在较严重污染，必须经过修复才能再开发的场地有 8 块，占场地总数的 16%。截至 2014 年，北京仅对其中的 3 块场地（原化工三厂、红狮涂料厂、北京染料厂）进行了修复。原焦化厂等遗留场地的修复虽已开始，但进展缓慢。

第五章

区域经济社会发展与生态环境质量耦合关系研究

第一节 规模结构性问题突出

一、能源消耗量高速增长，过度依赖煤炭

京津冀地区能耗总量高速增长，煤炭占比较高（见图 5-1）。2016 年，京津冀能源消费总量为 4.5 亿 t 标煤，占全国能源消费总量的 10.3%，京、津、冀的能源消费分别为 0.7 亿 t 标煤、0.8 亿 t 标煤和 3.0 亿 t 标煤。2000—2016 年，京津冀能源消费总量均呈现持续增加的趋势，

图 5-1 2006—2016 年京津冀地区能源消费总量

年均增速达到 3.7%，其中天津、河北年均增速较快，均达到 7.6%。2016 年，京津冀地区煤炭、石油、天然气消费比例分别为 65.9%、17.2%、8.6%；河北近 20 年煤炭消费占比在 75% 以上，2016 年为 85.0%，远高于全国平均水平（62.0%）。

2015 年，京津冀地区生活煤炭消费量为 2 047 万 t，其中北京 273.0 万 t、天津 78.2 万 t、河北 1 695.8 万 t；农业生产煤炭消耗量 182.5 万 t，其中北京 30.5 万 t、天津 20.4 万 t、河北 131.6 万 t。散煤污染治理工作推进缓慢，河北唐山、廊坊、保定（含雄安新区）、沧州等地的农村地区散煤消耗仍占据主导地位且供应量较大。2015 年冬，环保部督察发现，河北省全省需推广使用洁净型煤 700 万 t，但实际仅完成年度计划的两成左右，散烧煤煤质达标情况不理想。2015 年，环保部组织开展的京津冀大气污染防治核心区散煤洁净化工作专项督察，基于现场督察及煤质检测情况，在不考虑挥发分指标的情况下，北京散煤煤质超标率为 22.2%，天津超标率为 26.7%，河北省唐山、保定、廊坊、沧州等地平均超标率为 37.5%。

京津冀地区工业能耗占比居高不下，天津、河北的工业能耗占比基本在 70% 以上，能源消费结构比较稳定。北京工业能耗占比呈现大幅度下降的态势，由 2006 年的 44% 下降到 2015 年的 26%，下降了 18 个百分点。京津冀三地工业能耗中主导产业占工业能耗的 80% 以上。北京市工业能耗主要集中在电力、石化、装备制造三大行业，占工业能耗的 60%；天津工业能耗主要集中在钢铁、化工两大行业，占工业能耗的 74%；河北省各城市工业能耗主要集中在电力、钢铁、化工、建材四大行业，占工业能耗的 86%。

随着城镇化进程的加快，京津冀地区居民生活、第三产业能耗总量增加显著，2015 年较 2006 年分别增长了 79% 和 66%，增幅高于能源消费总量的增长。城市能耗占全社会能耗总量的比例有所上升，尤其是北京的交通、居民生活能耗占比大幅增加。2006—2015 年，北京、天津、河北居民生活能耗年均增速分别为 6.1%、8.3%、6.5%，天津市增速高于全国同期（7.8%）。未来，随着城镇化的发展，城市能源需求总量势必进一步加大。

二、大气污染物工业源排放量大，能源重化工行业占比高

京津冀地区大气污染物排放量大，工业源长期占据主导地位（见图 5-2）。根据 2015 年环统数据，京津冀地区 SO_2、NO_x 和烟粉尘年排放总量分别为 136.6 万 t、173.5 万 t 和 172.6 万 t，占全国比例分别为 7.3%、9.4% 和 11.2%。河北省烟粉尘、NO_x 和 SO_2 排放量在全国分别排第一位、第二位和第五位。近 10 年，京津冀 SO_2 排放中工业占比持续较高，除 2009 年占比略低外，其他年份占比均超过 80%，2011—2013 年超过了 90%；NO_x 排放中工业占比从 68.6% 缓慢下降到 58.4%；烟粉尘排放占比与 NO_x 变化趋势一致，从 2011 年的 90% 下降至 2015 年的 69.4%。

京津冀地区工业排污集中于钢铁、电力、石化、建材 4 个产业，机动车贡献逐步增加。2015 年，上述 4 个产业 SO_2、NO_x 和烟粉尘的排放贡献分别达到工业排放的 92.6%、97.7% 和 97.9%，其中钢铁产业 SO_2、烟粉尘排放占工业源的 34.6%、67.0%，电力产业 SO_2、NO_x 排放占工业源的 32.0%、46.7%。京津冀地区机动车 NO_x 分担率为 35.2%，交通源超过电力行业成为区域内 NO_x 最大排放源。随着城市机动车保有量的增加，机动车对大气污染的影响还会持续增加。此外，受冬季采暖影响，生活源也不容忽视。

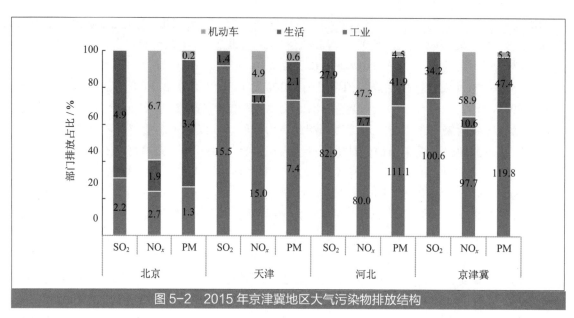

图 5-2　2015 年京津冀地区大气污染物排放结构

注：标注数值为实际排放量，单位万 t。

三、生产、生活用水总量大，地下水超采严重

京津冀地区水资源开发利用长期超载，高度依赖外调水。2001年以来，京津冀地区水资源开发利用强度长期远超100%，近10年来地下水资源开发利用率为120%～160%，平原区地下水超采严重，形成地下漏斗区面积超过5万 km²。2016年，北京地下水平均埋深为25.23 m，较2015年地下水位回升0.52 m，较1960年年末下降22.04 m，储量相应减少112.8亿 m³。天津市2016年第Ⅱ、第Ⅲ承压含水组漏斗面积为3 452 km²和6 624 km²，分别占天津全市面积的28.8%和55.4%。衡水、沧州、邯郸、天津、邢台和唐山等地漏斗面积较大，占辖区面积的比例分别为100%、39.49%、45.86%、33.19%、23.31%、22.72%，其中衡水深层地下水漏斗面积达到8 815 km²。2016年，北京南水北调中线工程入境水量8.4亿 m³，占总供水量的22%。2016年，天津引滦调水量5.09亿 m³，引江调水量8.88亿 m³，外调水占总供水量的73.3%。2016年，河北引水工程供水量28.25亿 m³，占总供水量的15.5%。

京津冀地区生产生活用水总量大，生态用水被挤占（见图 5-3）。2016 年，京津冀地区工业、农业、生活和生态 4 个用水部门中，农业用水占比最高，达 58.8%，远超过当年的工业用水（12.6%）和生活用水（19.8%）；北京市生活用水占比最高。受水资源开发长期透支的影响，生态用水被挤占的情况突出。2016 年，京津冀地区生态用水量 21.9 亿 m³，仅占用水总量的8.8%。近年来，海河流域中下游地区 4 000 km 以上的河道发生断流，断流 300 d 以上的占65%，常年有水的河段仅占 16%。2015 年，北三河、黑龙港运东、大清河等水系断流现象较为突出，部分河段全年断流。白洋淀流域自20 世纪70 年代以来入淀水量锐减，淀区水面面积缩减26.8%，沼泽面积缩减 19.5%，藻型湖泊演化的进程加快，水生态系统显著退化。

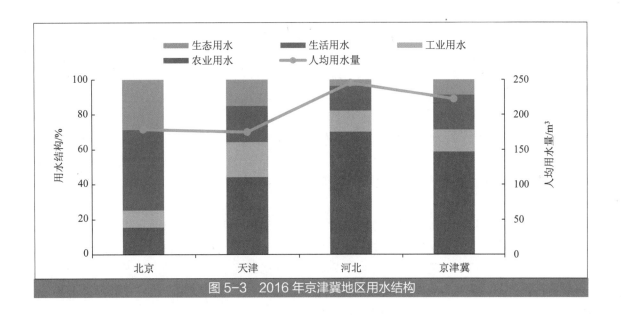

图 5-3　2016 年京津冀地区用水结构

四、生活、农业水污染排放较大，农业面源控制重视不足

根据 2015 年环境统计数据，京津冀地区废水、COD 和氨氮排放总量分别为 55.5 亿 t、157.9 万 t 和 13.8 万 t，占全国废水、COD 和氨氮排放总量的 7.6%、7.1%、6.0%。分析京津冀地区水污染物排放结构（见图 5-4）可知，COD 排放以农业为主。2011—2015 年，区域 COD 排放中农业占比由 63.0% 上升至 64.1%，两市一省农业占比均有所上升。氨氮排放中生活源占比较高，2011—2015 年，生活氨氮占比均超过 50%，2015 年比 2011 年增加了 3.8 个百分点。京津两地城市污水厂提标带来生活氨氮排放量的大幅下降，占比有所减小；河北省工业减排显著，生活源虽然也有所削减但占比依然增加。2015 年，雄安新区规模化畜禽养殖场合计排放 2 404.5 t COD、176 t 氨氮，占新区排放总量的 50% 以上；工业源以棉印染精加工和羽毛（绒）加工业为主，行业特点突出。

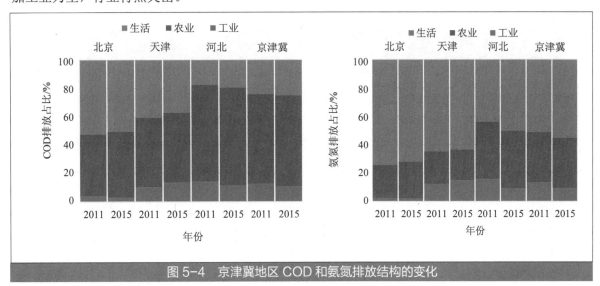

图 5-4　京津冀地区 COD 和氨氮排放结构的变化

根据测算,京津冀地区水体活性氮主要来源为畜禽养殖(31万t)和城镇污水厂(18万t),分别占水体活性氮输入的43.5%和24.5%。但三地输入途径占比差别明显,北京市主要来源于城镇生活污水处理厂和畜禽养殖废水,分别占本地水体中氮素的41.0%和36.6%。天津城镇生活污水、畜禽养殖废水和水体中氮沉降分别占本地水体中活性氮的33.6%、22.4%和18.8%。河北省除畜禽养殖(43.1%)、城镇生活污水处理厂(18.1%)、水体氮沉降(10.5%)外,冲刷及水土流失贡献了20.5%的活性氮,也是主要的输入源。

五、新型污染问题凸显,大气污染物控制难度较大

京津冀地区货运交通大气污染物排放量大。根据2015年京津冀区域国家干线公路网交通量调查数据和国家干线公路网空间数据,核算区域机动车排放情况(见表5-1)。北京、天津、河北三地在国家高速、国道范围的机动车 SO_2 排放占比超过30%,NO_x 排放占比超过50%。京津冀三地中河北省货车排放分担率最高,天津次之,北京相对较小,机动车排放与各地的产业结构、货车排放标准以及油品标准密切相关。

表5-1 2014年京津冀地区国家高速、国道范围货车占机动车排放分担率　　单位:%

行政区域	SO_2	NO_x	$PM_{2.5}$	PM_{10}	HC	CO
北京市	30	52	52	52	34	26
天津市	45	54	53	53	24	29
河北省	75	67	66	66	37	40

天津海域船舶排放占比高。根据核算,2015年,天津、河北水域研究范围内船舶数量为14 959艘次,水域活动较为频繁(见表5-2)。天津海域船舶排放对 SO_2、NO_x 的贡献大,占10%以上,颗粒物(PM)占比6.0%左右、一氧化碳(CO)和碳氢化合物(HC)的排放占比相对较小,在4%以下。河北海域船舶排放的PM贡献约占全省排放量的5.3%,SO_2、NO_x 占比3%左右,CO和HC的排放占比相对较小,均在1%以下。

表5-2 天津、河北水域船舶排放分担率

排放源	SO_2	NO_x	PM_{10}	$PM_{2.5}$	HC	CO
天津船舶/(t/年)	34 616	46 161	4 133	4 502	1 422	3 789
船舶排放占比/%	11.6	9.5	2.4	3.6	0.4	0.2
河北船舶/(t/年)	12 080	25 814	34 278	3 157	2 909	972
船舶排放占比/%	2.6	3.0	4.5	0.8	0.3	0.01

京津冀地区工农业生产环节对活性氮产量的影响显著。工业用能排放及畜禽养殖氨挥发是京津冀地区最主要的大气活性氮输入源,分别产生了79万t和50万t的活性氮,占大气中活性氮的36.9%和23.5%。北京市大气活性氮主要输入源为畜禽养殖氨挥发(35.7%)、交通废气(16.7%)和人类排泄产生引起氨挥发(15.9%)。天津、河北大气中活性氮主要来自工业用能及畜禽养殖氨挥发的废气,两种途径之和分别占两地大气环境氮通量的60.5%和67.9%。

第二节 国土开发模式粗放

一、国土开发强度持续增加，生态用地大幅减少

京津冀地区建设用地快速增长，耕地面积萎缩。城镇建设用地增长主要集中在北京周边县市区（廊坊、保定）和东部沿海地区。1984—2015 年，京津冀地区城镇生态系统面积占区域总面积的比例由 5.6%增加到 11.3%，年均增幅达 7.1%。农田面积减少 14 496 km²，降幅达 13.28%，农田面积减少主要是因为城镇扩张占用。1984—2015 年，累计 12 066 km² 农田转变成城镇生态系统，占农田总面积的 11.0%；受退耕还林影响，30 年间共有 6 551 km² 农田转变为森林和草地生态系统，占农田总面积的 6%。

环首都地区开发建设强度大，生态用地大幅减少。京津两市现状建设用地面积约 3 893 km²，与廊坊、保定的部分城市形成整体发展格局。以北京为中心半径 30 km 范围内，现状城市建设用地面积 1 628 km²，开发建设强度达到 57.6%；以北京为中心半径 60 km 范围内，城市建设用地面积 3 065 km²，开发建设强度达到 27%。京津地区土地城镇化显著，北京市潮白河、温榆河、北运河生态廊道附近建设用地大量增加，湿地和林草地减少；中心城区四环内植被占比为 5.8%，仅部分市民公园分布有大面积植被，缺少生态用地。

京津冀地区城镇蔓延危及重要生态廊道，生态用地破碎化加剧。京津冀地区城市开发强度过大，城镇扩张侵占了大量耕地和湿地等生态空间。大量湿地、滩涂永久性丧失，白洋淀、大港等天然湿地面积逐年下降，官厅水库、密云水库面积缩减，水源涵养与洪水调蓄功能下降，天然草地、天然林面积持续缩减，生态用地斑块化、破碎化趋势明显。

二、产业园区数量多、分布集中，部分与生态保护空间冲突

京津冀地区园区数量众多，发展水平差距大。京津冀地区共有 254 个省级及以上园区，不考虑一区多园的情况下区域内每个县约有 1.4 个省级以上园区。京津冀地区园区面积整体不大，仅 22 个省级以上园区规划面积超过 50 km²。规划面积超过 300 km² 的园区有沧州渤海新区核心区、河北滦平经济开发区、中关村国家自主创新示范区（一区 16 园）、曹妃甸工业区 4 个园区。京津冀地区园区整体用地效率水平与中部地区持平，低于东部沿海地区。北京、天津、石家庄、唐山、保定、沧州等地集中了区域内 50%左右的园区和 79.8%的工业增加值。

京津冀地区部分园区布局在生态敏感区内，园区布局密集（见图 5-5）。根据生态系统功能分析，京津冀水源涵养、水土保持等生态敏感区内布局了 19 个工业园区和 2 800 余家工业企业，生态极重要、极敏感区内布局了 8 个工业园区和 500 余家工业企业，其中包括天津滨海高新技术产业开发区——滨海科技园、天津八里台工业园区、天津大港经济开发区、天津大港石化产业园区、滦南城西经济开发区、河北唐山古冶经济开发区、南堡经济开发区、北戴

河经济技术开发区等园区。区域内园区布局较密集，大多数园区间距在 5～20 km，相互之间距离小于 20 km 的园区约 196 个。

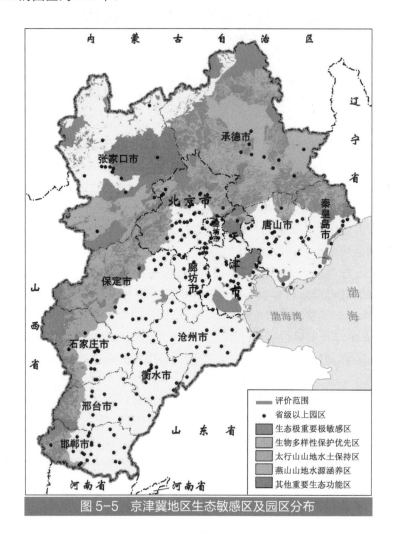

图 5-5　京津冀地区生态敏感区及园区分布

三、工业密集导致产城关系复杂化，人居环境安全风险增加

京津冀周边地区，京石一线和唐山等地是厂房最密集区域。京津冀地区内部经济水平差异较大，城市总面积受经济发展水平影响显著。京津"摊大饼"现象明显，其城市面积占总城市面积的 41.5%。京津冀城市范围内大约有 11 000 家厂房分布，其中超大城市、大型城市、中小城市分别占 40.0%、21.9%、38.1%。京津地区厂房数量达到 4 402 家，厂房面积 61.9 hm²，其中北京地区厂房数量较少，但是总面积较大，厂房平均面积接近 2 hm²，高于大型城市（1.38 hm²）及中小城市（1.52 hm²）的平均水平。京津冀地区各城市厂房面积占城市面积的比例随着城市规模的减小而逐渐增大，京津地区密度约为 0.67%，大型城市为 0.69%，中小城市则达到了 0.87%。总体而言，京津冀地区厂房总体呈现京津厂房面积大、中小城镇密度高的特点。

　　京津冀地区中小城镇普遍产业结构层次偏低，产业空间布局混乱。河北省境内零散分布着 181 个市区人口不超过 50 万人的中小型城市，这些城市发展过程中普遍面临着农业发展落后、工业结构不合理、资源依赖性强、缺少新兴工业支撑等诸多问题。以雄安新区为例，截至 2015 年，新区范围内已有通过规划环评的工业园区 8 个，此外还有 3 个工业小区初见雏形，开始向工业园区发展。现有园区主要以服装印染加工、铜冶炼、铅锌冶炼、羽毛（绒）加工、造纸等产业为主，资源依赖度高，污染排放量大，再加上地区排污设备整体落后，污染处理水平不足，给区域资源环境带来极大压力。虽然区域已经逐步开始向工业园区化发展，但是由于园区选址不尽合理及"小散乱"企业零散分布等原因，区域产业空间布局仍然混乱。

　　京津冀地区工业型中小城镇"工业围城"突出，人居环境安全不容乐观。河北省京石、京唐一线中小城镇和人口密布，部分以工业为主导产业的县域和经济发达中小型城镇，"小散乱污"问题严重。2016 年，环保部对河北省开展环保督察发现，石家庄藁城、晋州等地的化工、镀锌，石家庄辛集、无极和保定蠡县等地的皮革加工，保定易县、清苑等地的石材加工、有色冶炼，唐山遵化、玉田等地的玛钢、矿石采选，衡水安平、深州等地丝网、暖气片，邢台沙河、廊坊三河、霸州等地的建材、金属制品，沧州河间、泊头等地保温材料、铸造等企业散落在城乡接合部、县城周边以及广大乡镇之间，生产设备普遍简陋，或无环保设施，或环保设施简易。这些企业废水偷排偷放、固废危废处置不规范、小锅炉烟气直排、粉尘无组织排放等环境问题十分突出，对周围地区人居环境安全影响较大。

　　京津冀地区土壤累积性污染问题突出，影响粮食和饮水安全。污灌及施肥导致土壤中重金属污染物和有机污染物积累、超标，河北保定、沧州、石家庄、邯郸等地均分布有大型污灌区，河北省每年引灌污水量占全省污水排放总量的 41.0%，污灌造成土壤中 Cu、Zn、Pb、Cd 和 Cr 累积，部分地区土壤 Cd 浓度已高达土壤背景值的 8.5 倍和国家标准值的 8.3 倍，农业土壤的累积性影响会进一步影响粮食质量安全。铬渣厂、焦化厂、农药厂、钢铁厂等企业场地的土壤普遍受到污染，长期威胁人群健康。京津冀地区城镇范围内的污染企业转移带来的棕地污染突出，北京市东部酒仙桥—焦化厂化工区、首钢原址等区域重金属污染较重，天津滨海工业区 94.7% 的土壤受 PAHs 污染，河北省矿业开采、金属冶炼聚集区土壤 Pb、Cd 污染严重。京津冀地区生活用水大量依赖地下水，土壤污染进一步影响地下水和饮用水安全。

第三节　区域内资源环境效率差异大

一、资源利用效率显著提高，河北仍有较大提升空间

　　京津冀全社会水资源利用效率水平较高，2016 年三地单位 GDP 用水量全部低于全国平均水平（81.2 m^3/万元），北京和天津用水效率分别为 15.1 m^3/万元和 15.2 m^3/万元。2006—2016 年，京津冀三地用水效率分别提升 64.2%、70.4%、68.0%，但与新加坡、日本等国家相比还有一定提升空间，河北省提升潜力相对更大（见图 5-6）。

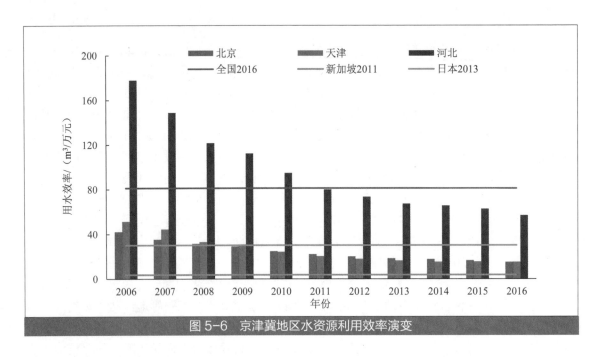

图 5-6　京津冀地区水资源利用效率演变

2006—2016 年，京、津、冀三地用能效率分别提升 59.2%、48.2%、51.1%，2016 年京、津两市万元 GDP 能耗分别为 0.27 t 标煤/万元和 0.45 t 标煤/万元，能源利用效率水平优于全国水平，但与国际先进水平相比还有一定提升空间；河北省万元 GDP 能耗约为全国万元 GDP 能耗（0.58 t 标煤/万元）的 1.6 倍，还需进一步提升能源使用效率（见图 5-7）。

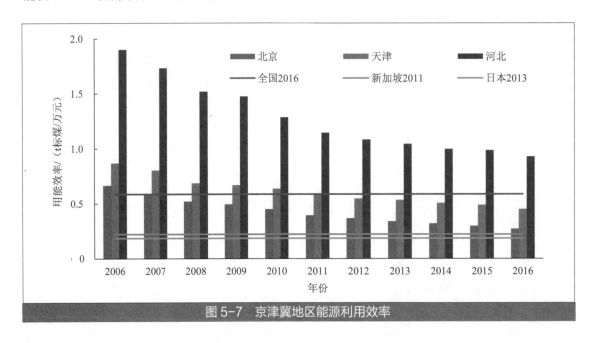

图 5-7　京津冀地区能源利用效率

二、重点行业污染排放效率较低，区域和行业内部差异较大

京津冀工业污染排放强度除烟粉尘外总体呈现逐年递减的趋势，2011—2014 年，京津冀

工业 COD、氨氮、SO_2 和 NO_x 排放强度分别降低 24.7%、35.0%、32.8% 和 34.0%。但重点行业污染排放强度差距较大，石家庄、沧州、唐山、廊坊等中部、东部区域的污染排放强度较低；邯郸、邢台、唐山等市的煤炭行业，张家口、承德、邯郸的钢铁行业，张家口、石家庄、衡水的石化行业，张家口、衡水、保定的建材行业污染排放强度较高。选取环统数据中排放强度排名前 10% 和后 10% 的企业，计算其排放强度平均值并进行比较，可以看到区域内效率最差与最优的企业平均排放强度差异很大，其中钢铁、化工行业效率差异最为突出（见表 5-3）。

表 5-3　2014 年京津冀重点行业 SO_2 和 NO_x 排放强度差异情况

污染物	最优、最差排放强度相差倍数			
	钢铁	火电	建材	化工
SO_2	169	31	85	127
NO_x	86	22	47	120

京津冀地区重点产业某些工序的资源环境效率水平较低。分析钢铁行业工序，2014 年，河北省在烧结、轧钢工序的能源效率优于全国平均水平，但在焦化、炼铁、转炉和电炉工序的能耗要高于全国平均水平。2014 年，河北省石化工业吨原油加工单位综合电耗是 62.3 kW·h，虽然好于全国 63 kW·h 的平均水平，但仍低于青岛炼化、广州石化、宁夏石化等行业标杆企业的能效标准。此外，单位烧碱生产、合成氨生产、每吨水泥熟料烧成和平板玻璃生产的综合能耗与全国能效标杆企业相比均有一定差距。

三、污染治理水平仍有待持续提升，环保标准和准入要求差异较大

根据京津冀地区工业污染排放指标分解分析，2011—2014 年，北京经济规模增长未引起污染物排放增加，其中处理水平和工艺水平对减排正向促进作用最大。天津市氨氮和烟粉尘排放量受经济发展而增加，烟粉尘同时受处理水平下降而增加，COD、SO_2 和 NO_x 的减排主要归功于处理水平和工艺水平的提升。河北省烟粉尘排放量受处理水平下降和经济规模增长影响有所增长，其他污染物在处理水平和工艺水平双重作用下排放量有所减少。

京津冀地区环保标准和准入要求差异较大，生态环境准入清单有待完善。北京市以污染物排放标准为主体的地方环保标准体系已基本形成，其中有 51 项地方环保标准，污染物排放限值居全国各省市前列；在大气污染防治和水污染控制方面，污染物排放限值全国最严，部分标准达到国际先进水平。天津市和河北省污染物排放、环境质量标准相对较低，在污水处理、大气环境质量目标和机动车尾气排放等方面均与北京有一定差距（以部分地区城镇污水处理设施排放标准为例，见表 5-4），部分流域上下游河段因流经城市差异而导致功能区水质标准不统一。在此背景下，京津冀三地环保准入要求和污染物控制及治理措施均有所差异，北京市非首都功能疏解和产业结构调整使典型污染企业向区域外围转移，大部分落户在津、冀两地，如迁出企业污染排放执行津冀的较低环保标准和准入要求，对区域的污染排放压力将进一步加大。构建区域生态环境准入清单，实施区域产业发展的清单管理策略，强化对资源利用效率、污染排放标准和环境功能区标准的门槛要求，是京津冀环境一体化建设的重要任务之一。

城市	污水厂出水标准	COD 浓度限值/（mg/L）	氨氮浓度限值/（mg/L）	水质相当于
北京	地方 A 或 B	20～30	1.0～1.5	＞Ⅳ类水
天津	一级 A 或一级 B	50～60	5～8	≤劣Ⅴ类水
石家庄	以一级 A 为主	50	5～8	≤劣Ⅴ类水
唐山	一级 B	60	8	≤劣Ⅴ类水
秦皇岛	以一级 A 为主	50	5～8	≤劣Ⅴ类水
邯郸	以一级 A 为主	50	5～8	≤劣Ⅴ类水
邢台	一级 A	50	5	劣Ⅴ类水
保定	一级 B 或二级	60～100	8～25	≤劣Ⅴ类水
张家口	一级 A	50	5	劣Ⅴ类水
承德	一级 A	50	5	劣Ⅴ类水
沧州	一级 B	60	8	≤劣Ⅴ类水
廊坊	一级 A	50	5	劣Ⅴ类水
衡水	二级	100	8～25	≤劣Ⅴ类水

表 5-4　京津冀地区城镇污水处理设施排放标准

第六章

区域经济和社会发展情景设计

第一节　情景设计思路

一、经济发展与重点产业情景设计思路

本研究通过分析全国经济发展趋势，结合对《京津冀协同发展规划纲要》的梳理和地区实际调研、一省两市现有的"十三五"规划（纲要、建议）、相关的产业规划、农业规划以及近期国家出台的相关政策进行分析，对京津冀地区未来的社会经济发展趋势进行判断。在此基础上，对 2020 年、2035 年京津冀地区经济和产业发展的主要模式和可能的规模进行预测，设计经济发展与重点产业情景，为大气、水和生态等专题的分析提供基础。经济发展与重点行业情景设计基本思路如下。

尊重地区经济的发展基本规律。相对客观地分析地区经济发展形势，遵循地区经济发展的客观发展规律。主要考虑的因素有：国家对宏观经济发展趋势的整体判断以及对主要产业的宏观调控规划，地区经济和产业发展的历史趋势、增长速度、产能规模、就业人口与资产沉淀等。

落实并细化《京津冀协同发展规划纲要》产业转移与承接的相关要求。具体分析《京津冀协同发展规划纲要》"疏解北京非首都功能、促进生产要素的有序流动与优化配置"的要求，明确北京、天津、河北以及河北所有城市的发展定位，充分发挥各城市的比较优势，来调整优化区域的生产力布局，推动区域的错位发展和融合发展。在进行具体的经济和产业发展趋势分析时还要考虑京津冀之间的产业转移与承接平台及其主要项目，城市对新兴产业进入和培育的项目和政策期许，以及过剩产能退出的政策与行动等。

注重空间优化和效率提高的生态发展模式。首先，在京津冀区域内各城市的产业发展方向、承接产业类型要与其主体功能和职能相匹配；产业的承接和转移不仅要考虑地区的基础，还要与地区发展的功能定位、生态环境保护相结合。其次，京津冀产业发展的情景还要考虑地区产业发展效率的提升和产业链的延伸。

根据项目总体要求，本研究只设置了《京津冀协同发展规划纲要》指导实施下的一种情

景，所有的经济增速与三次产业结构调整、产业发展方向、布局以及主要产品的产能都以实现《京津冀协同发展规划纲要》战略定位和目标为基本依据。

二、人口与城镇化情景设计思路

本研究通过对东京都市圈、伦敦都市圈、纽约都市圈、长三角、珠三角等主要城市群城镇化发展历程的回顾及比较分析，结合实地调研以及系统梳理《京津冀协同发展规划纲要》；北京、天津、河北及各城市"十三五"规划建议；国家、北京、天津、河北及各城市新型城镇化规划；北京、天津、河北及各城市、新区和重点地区城市总体规划；京津冀地区城乡空间发展规划研究和首都区域空间发展战略研究等资料，采用分区分类的方法设计京津冀地区各城市人口和城镇化情景，即，对于自然增长为主的城市和地区遵循其人口增长规律；对于政策干预较强的地区以人口调控政策的导向为主；对于未来重点发展的地区以地方发展意愿为主。对于环首都地区，人口与城镇化情景设计将细化到县市区。

第二节　社会经济发展整体趋势研判

一、中国经济将进入长期的新常态发展阶段

2008 年 9 月美国次贷危机爆发以来，美国等发达国家依靠高杠杆和高福利增加消费、中国等新兴国家依靠劳动等低要素成本生产消费品、资源富集国提供原材料的世界分工格局、产业链条和贸易链被打破。次贷危机先后于 2010 年 5 月传导到欧洲、2012 年年初传导到中国等新兴国家、2014 年 9 月传导到资源出口国。经过 7 年调整，美国基本完成去杠杆，并继续进行再产业化，同时着力构建新的区域性贸易投资协定，经济进入复苏阶段并进入加息周期。欧洲、日本仍在调整过程中，经济复苏缓慢。发达国家的经济复苏和工业回流将对发展中国家的经济发展形成压迫。一方面，工业回流对发展中国家的产品形成替代作用；另一方面，这一过程对发展中国家的初级产品不能形成较大的需求拉动，从而对发展中国家的经济形成进一步的压缩作用。中国的出口格局将进一步紧张，而国内还将面临能源基础原材料产业产能过剩的压力，由此驱动中国经济进入较长时间的新常态阶段。在该阶段，中国的经济发展将有以下几个较大的特征。

（一）经济增速将逐步放缓，进入常态增长状态

中国经济发展进入增长变革时期。中国经济在经历 30 多年的快速增长之后，在经济发展模式、产业业态和经济增长动力方面均发生了较大变化。首先，经济增速逐步放缓，已告别高速增长，进入"常态增长"阶段。2014 年，全国 GDP 平均增速 7.3%，比 2010 年降低 3.3 个百分点；2015 年，GDP 平均增速 6.9%，较 2014 年下降 0.4 个百分点。

"十三五"时期，中国将不再秉持以大幅度固定投资拉动经济增长的发展方式，而是推动

供给侧结构性改革，调整投资领域和投资方式；同时消费需求还将继续保持稳定，但外贸进出口将面临一定压力，因此，预计中国的经济增速将保持在 6%～7%，处于转型发展阶段，经济增速总体放缓。

（二）经济增长动力发生变化，经济结构不断优化

中国经济已进入工业化中后期发展阶段。2012 年，第三产业在国民经济中的比重首次超过了第二产业，到 2015 年时第三产业的比重已达到 50.5%，高出第二产业 10 个百分点，且其年均增速也于 2013 年超过第二产业，成为带动中国经济增长的核心动力。经济增长速度与劳动生产率呈正相关关系。一般而言，服务业的劳动生产率要低于工业的劳动生产率，在以服务业为主要增长部门的发展阶段，增速将下滑，但对就业的吸纳能力有所增加。

（三）产业发展将进入以创新为主要动力的优化调整提升阶段

随着中国大型基础设施建设的逐步完备，其对能源、钢铁、建材、有色等基础原材料产业产品的需求将逐步放缓，而这些产业在 2009 年"四万亿"投资过度拉动下的产能建设进入了释放后的过剩状态。煤炭、钢铁等行业已经进入"去产能"阶段。为了越过经济发展的"中等收入陷阱"，中国还必须保持一定的经济增速，为此，中国制定了以创新为核心的经济发展战略，希望形成促进创新的体制架构，塑造更多依靠创新驱动、更多发挥先发优势的引领型发展；培育发展新动力，优化劳动力、资本、土地、技术、管理等要素配置，激发创新创业活力，推动大众创业、万众创新，释放新需求，创造新供给，推动新技术、新产业、新业态蓬勃发展。

在农业发展方面，要大力推进农业现代化，加快转变农业发展方式，走产出高效、产品安全、资源节约、环境友好的农业现代化道路。并且提出要坚持最严格的耕地保护制度，坚守耕地红线，实施藏粮于地、藏粮于技战略，提高粮食产能，确保谷物基本自给、口粮绝对安全。全面划定永久基本农田，大规模推进农田水利、土地整治、中低产田改造和高标准农田建设，加强粮食等大宗农产品主产区建设，探索建立粮食生产功能区和重要农产品生产保护区。优化农业生产结构和区域布局，推进产业链和价值链建设，开发农业多种功能，提高农业综合效益。

在工业内部，受外需持续低迷、前期产能扩张过快、国家进入中等偏上收入行列后需求结构从以用住行为主开始转向以服务业为主等因素影响，钢铁、有色、建材、化工、煤炭等重化工业出现相对过剩，有的甚至绝对过剩，从而进入产能压缩阶段。在装备制造业和战略性新型产业方面，国家制定了《中国制造 2025》，提出到 2025 年中国制造进入世界制造业强国第二方阵的发展目标。为此，要以产业创新为核心，着力推进科技创新和体制创新，以推进智能制造作为主攻方向，显著提高一些战略性产业（汽车、节能环保产业、装备制造业）的自主创新能力；支持已形成一定规模的新的优势产业（如高铁、光伏产业、造船业和支线飞机）继续做大做强；实施工业强基工程，开展质量品牌提升行动，支持企业瞄准国际同行业标杆推进技术改造，全面提高产品技术、工艺装备、能效环保等水平。更加注重运用市场机制、经济手段、法治办法化解产能过剩，加大政策引导力度，完善企业退出机制。

在服务业方面，要积极推进实施"互联网+"，开展加快发展现代服务业行动。

（四）城市群成为区域空间发展的战略主体

随着中国经济增速的放缓，促进要素的空间优化配置成为提升中国经济增长内涵的重要手段。因此，"十三五"期间，中央政府提出了要通过塑造要素有序自由流动、主体功能约束有效、基本公共服务均等、资源环境可承载的区域协调发展新格局。一方面，在城乡发展上，通过建立健全城乡发展一体化体制机制，加强农村基础设施，推动城镇公共服务向农村延伸，提高社会主义新农村建设水平，拉动国内消费的增长；另一方面，在区域层次，鼓励以城市群为主体形态拓展区域发展新空间。"十三五"期间，中国要规划建设 19 个城市群，打造带动我国经济持续增长、促进区域协调发展、参与国际合作与竞争的主要平台。建立健全城市群内部的协作机制，深化城市群内产业分工，促进产业有序转移，发挥各自优势、实现良性互动。

（五）以生态文明建设推动发展转型是必然选择

坚持绿色发展，建设美丽中国，是推动和实现我国经济社会持续健康发展的必然选择。改革开放 40 多年来，我国经济社会发展取得了举世瞩目的成就，但不容忽视的是，积累的生态环境问题比较突出，经济发展和生态环境不协调已经成为我国可持续发展的一大"瓶颈"。基于我国生态问题的严峻形势，党和政府把绿色发展作为生态文明建设的一个重要着力点。发展是第一要务，但怎样发展才是重中之重。当前，中国特色社会主义进入新时代，我国社会的主要矛盾已经转化为人民日益增长的美好生活需要和不平衡不充分的发展之间的矛盾。我国社会主要矛盾发生变化，一个重要表现就是人民在生态环境方面的需要日益增长，推进生态文明建设与绿色发展已经成为重要的民生工程。要积极顺应新时代社会主要矛盾的变化，把生态文明建设、绿色发展放到重要地位，形成绿色发展方式和绿色生活方式，以生态文明建设推动发展转型。

二、京津冀协同发展成为地区产业布局和发展的主导方向

2015 年 4 月 30 日，中央政治局会议审议通过《京津冀协同发展规划纲要》，并在 2015 年年底制定了《京津冀地区"十三五"规划》，明确了北京、天津和河北省的发展定位和协同目标。通过促进北京非首都功能转移，以及促进京津冀交通、社会服务和生态保护一体化等方面的具体措施，促使劳动力、资金、技术等生产要素突破行政界限，在京津冀区域内部优化配置。为了落实该规划，河北省各城市也制定了落实京津冀协同发展纲要的实施方案，明确了各城市的发展定位、主要承接的产业和发展平台，并将该精神和战略在各城市的"十三五"规划中予以体现。由此可以判断在未来 5～15 年京津冀地区主要存在以下两大趋势。

（一）北京市非首都功能疏解将导致一般制造业和低端服务业外移，经济增速将有所调整

根据《京津冀协同发展规划纲要》，北京市被定位为全国政治、文化、国际交往和科技创新中心，所有不符合这 4 个定位的产业与职能都属于非首都功能，将要向外疏解。疏解产业主要包括一般制造业和仓储、批发等低端服务业，未来将更加注重发展以新能源智能汽车、集成电路、智能制造系统和服务、自主可控信息系统、云计算与大数据、新一代移动互联网、新一代健康诊疗与服务、通用航空与卫星应用等新兴产业，以及以金融、保险等为主的生产

性服务业和节能环保产业。同时，为了配合通州北京行政副中心的建设，通州区还制定了关停外移副中心规划范围内所有一般制造业的行动方案。这些产业的外移将对北京市的经济增长和产业结构产生一定影响，但是影响的幅度较小。

（二）北京非首都功能疏解和京津冀协同将促进河北地区经济的发展，但其要受到新常态下产业转型的压力

第一，京津冀协同发展对河北省的产业发展与结构调整带来了相对利好的信息。通过北京非首都功能的疏解以及人口规模天花板的设立，河北省可以相对较好地承接北京市的一般制造业和服务业，吸引从北京溢出的人才和资金，促进自身制造业体系的完善和升级。因此，这对于河北省的产业结构优化和调整升级是一个重要的利好驱动。主要对接领域集中在先进装备制造暨新能源汽车、生物医药、新一代信息、京津冀大宗固废综合利用、新材料、轻纺食品、高分辨率对地观测系统数据应用暨空间信息产业七大领域。

第二，河北省的产业发展受到新常态下去产能的挤压。在经济新常态下，全国整体呈现对钢铁、建材、冶金等大宗商品需求放缓的趋势，而这些产业却正是河北省工业的主导产业。由此可以判断，在没有找到新的产业增长点或者项目之前，钢铁、平板玻璃、有色等产业的去产能必然会导致河北省部分城市的经济增速放缓。

第三，京津冀协同对河北省经济发展的利好驱动在空间分布上是不均衡的。根据《京津冀协同发展规划纲要》和《京津冀产业转移指南》，京津冀地区将被划分为4个功能区，分为中部核心功能区、东部滨海发展区、南部功能拓展区和西北部生态涵养区，不同的功能区设置了不同的发展重点，在承接产业上也各有不同，由此对地区经济和产业增速的推动也有所不同；而且，在京津冀协同发展规划的指导下，河北省明确了其各城市的城市定位，从而对其产业承接与发展方向、速度都将产生影响。表6-1梳理了京津冀各城市的发展定位。

表6-1　京津冀各城市的发展定位	
城市	**城市发展定位**
北京市	全国政治中心、文化中心、国际交往中心和科技创新中心
天津市	全国先进制造研发基地、北方国际航运核心区、金融创新运营示范区、改革开放先行区
石家庄市	功能齐全的省会城市，京津冀城市群"第三极"
唐山市	京津冀亚经济合作的窗口城市、环渤海新型工业化基地、首都经济圈的重要支点和京津唐区域中心城市
秦皇岛市	国际滨海休闲度假之都、国际健康城和科技创新之城
邯郸市	全国重要的先进制造业基地、区域性商贸物流中心和京津冀联动中原的区域中心城市
邢台市	国家新能源产业基地、产业转型升级示范区和冀中南物流枢纽城市
保定市	创新驱动发展示范区和京津保区域中心城市
张家口市	国家可再生能源示范区、国际休闲运动旅游区和奥运新城
承德市	国家绿色发展先行区、国家绿色数据中心和国际旅游城市
沧州市	环渤海地区重要沿海开放城市和京津冀城市群重要产业支撑基地
廊坊市	科技研发及成果转化基地、战略性新兴产业和现代服务业聚集区
衡水市	冀中南综合物流枢纽、安全食品和优质农产品生产加工配送基地、生态宜居的滨湖园林城市

第四，一些区域将因为重点项目的带动而对所在区域和周边区域的经济和产业发展造成影响。2016—2035 年，国家和京津冀三省市为了积极推动《京津冀协同发展规划纲要》的实施，部署了一些重要项目，比如北京市在通州建设行政副中心、京津冀将共同在北京南部建设第二机场以及临空经济区，党中央还在白洋淀附近规划建设"雄安新区"来积极承接北京非首都功能疏解和京津的科研教育资源，并将曹妃甸和渤海新区作为河北钢铁、化工等产业转移的重要承接地。

第三节　世界典型城市群发展历程及基本规律研究

一、城市群经历快速发展阶段，城镇人口由特大城市向外围疏解

伦敦都市圈、纽约都市圈和东京都市圈被称为国际三大城市群，是国际上规模最大、竞争力最强、城市发展水平最高的区域。伦敦都市圈形成于 20 世纪 70 年代，英国大约 80% 的经济总量集中于此；纽约都市圈为美国经济中心，制造业产值占全美 30% 以上，城镇化水平超过 90%。第二次世界大战后日本经济重建，东京都市圈人口大规模集中，战后短短 15 年时间城镇人口比重由 1945 年的 30% 上升至 1960 年的 70%；至今，东京都市圈中心区县 GDP 占到日本全国的 1/3，城镇化水平超过 80%。与之相比，1996 年京津冀城市群城镇化水平为 30%，随后开始进入城镇化高速发展时期，至 2014 年年末城镇化水平达到 61%，区域经济总量全国占比稳定，GDP 约占全国比重的 10%。与国际三大城市群相比，京津冀地区经济发展水平、在国家发展格局中的地位及城镇化水平均存在一定差距（见表 6-2），特别是河北省仍处于城镇化快速发展期，今后需强化新型城镇化发展引导，合理引导城镇规模等级、结构和空间布局。

表 6-2　京津冀地区与国际三大城市群发展状况比较

城市群	面积		人口		城镇化水平/%	主要城市
	区域面积/万 km²	占全国比重/%	区域人口/万	占全国比重/%		
伦敦都市圈	4.5	18.4	3 650	64.2	>80	大伦敦地区、伯明翰、谢菲尔德、利物浦、曼彻斯特等大城市和 10 多个中小城市
纽约都市圈	13.8	1.5	6 500	20	>90	波士顿、纽约、费城、华盛顿、巴尔的摩等 40 多个城市
东京都市圈	3.7	9.8	4 100	32.6	>80	东京都、神奈川县、埼玉县、千叶县、山梨县、群马县、栃木县、茨城县
京津冀地区	21.6	2.2	10 900	8.0	60.8	北京、天津、石家庄、保定、唐山、秦皇岛、廊坊、沧州、张家口、承德

从发展阶段来看，国际城市群人口普遍经历了"城镇化—郊区化—逆城镇化—再城镇化"的历程，京津冀当前仍处于快速城镇化阶段（见图6-1）。19世纪到20世纪中期，伦敦都市圈处于空间集聚的发展阶段，人口呈现显著增加的趋势；20世纪中后期，机动化带来郊区开发，吸引更多人居住到郊区，人口向外扩散，中心区的人口显著下降。20世纪60年代，东京都市圈核心区人口开始出现负增长，人口呈现郊区化，随着滨海开发和新都市中心建设拉动人口增长，这一趋势才得到扭转。京津两市核心区人口密度相对较高，区域城市人口极化显著。北京核心区人口密度与东京相近，15 km内和120 km内人口总量和密度均显著高于国际城市群，30～60 km的近郊区范围人口密度低于东京都市圈。一般意义上，15～30 km是主要通勤区域，30 km以外范围是发展职住平衡相对较好的区域。从国际城市群人口分布格局来看，北京市中心城区人口将进一步向近郊和周边地区疏解。

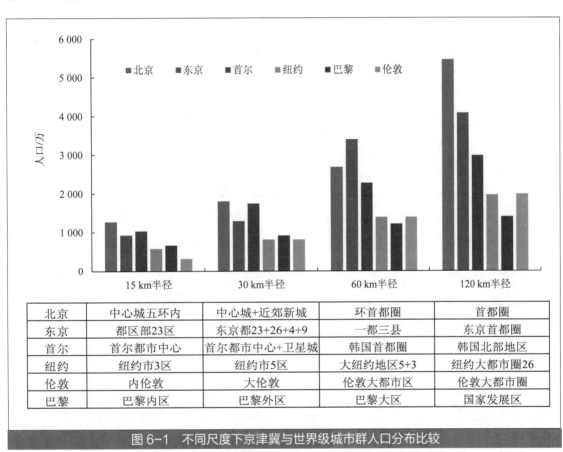

图 6-1 不同尺度下京津冀与世界级城市群人口分布比较

二、城市空间布局不断优化，区域发展逐步均衡化

国际都市圈规划起步早，历时长，经历单极单核向空间均衡发展的演变历程，国土开发格局不断优化；京津冀规划起步较晚，进程较快，空间布局优化潜力大。东京都市圈空间规划自20世纪50年代起先后五次修订，经过了"一级集中""一都七县""多核复合体""多极多核"的空间布局调整，最终确定东京都市圈"分散型网络"的空间发展方向（见表 6-3）。

2015 年《京津冀协同发展规划纲要》中明确京津冀"一核、双城、三轴、四区、多节点"的空间布局，推进城市空间布局不断优化，构建以重要城市为支点，以战略性功能区平台为载体，以交通干线、生态廊道为纽带的网络型空间格局。

表 6-3 东京都市圈空间发展格局演变趋势

时期	第一次基本规划（1958 年）	第二次基本规划（1968 年）	第三次基本规划（1976 年）	第四次基本规划（1986 年）	第五次基本规划（1999 年）
地域规模	100 km 首都圈区域	100 km 首都圈区域	一都七县	一都七县	一都七县及周边区域
规划人口规模	1965 年总人口 2 660 万人，旧城区 1 660 万人	1975 年总人口 3 310 万人，近郊整备地带 2 700 万人	1985 年总人口 3 800 万人，主北关东地区增长	2000 年总人口 4 090 万人	2015 年总人口 4 180 万人
布局类型	一级集中控制型：建成街区周边地区设置近郊地带	一级集中控制型：近郊整备地带（50 km）周边设城市开发区域	广域多核复合体：东京都大城市圈形成	多核多圈区域构成：东京都大城市圈与周边区域的区分整备	分散型网络构成：围绕据点型城市形成城市圈
功能迁移					
空间结构					

有效的绿化隔离防护和生态建设是支撑城市群生态环境质量的基本保障。伦敦、东京、首尔三座城市曾先后提出并设立了环城绿带，以限制城市空间无限扩张，保障城市生态安全（见表 6-4）。伦敦绿带一直维持至今，所提供的功能也越来越丰富和完善；东京绿带部分被建设用地取代成为城市建成区，但保留了一些公园绿地和小规模都市农业用地；首尔绿带建立较晚，随着城市增长压力的提高，绿带内的用地管制逐渐放松，少量绿地释放为建设用地。建设环首都国家公园体系是京津冀协同发展战略提出的重要内容，应整合京津冀现有的自然保护区、风景名胜区、森林公园等各类自然保护地，谋划构建环首都国家公园体系。

表6-4	伦敦、东京、首尔绿带及京津冀环首都国家公园概况		
	伦敦绿带	东京绿带	首尔绿带	京津冀环首都国家公园

	伦敦绿带	东京绿带	首尔绿带	京津冀环首都国家公园
背景	城镇化向郊区化、逆城镇化过渡，人口和经济活动由中心城区转向大都市边缘的新增长中心，并进一步向非大都市区扩散	城镇化高速推进，人口和经济活动向城市集中，城市扩张压力巨大，开始建设外围新城	城市扩张压力大，建设外围新城，城镇化高速推进，人口和经济活动向城市集中；绿带内城市建设压力过大，开始在外围建设新城	三地共同构建生态廊道、构建湿地板块、建设西北生态涵养区等举措，最终形成世界级城市群生态体系
绿带规划规模	1944年划定面积2 000多km²；之后在地方当局的争取下向外扩张，1980年大于4 000 km²	1948年划定面积140 km²；1955年减为98.7 km²；1956年重新划定，规模扩大；1968年正式取消	1976年确定1 567 km²；2000年后近10%土地被批准释放为开发用地	2020年完成绿隔区绿化任务9 067 km²
实施效果	绿带内开发管制一直延续至今，范围有所扩大，生态价值、农业生产价值、休闲游憩价值等存在争议	绿带内建设项目越来越多，绿带取消后，所在地区保留了部分都市农业用地和城市公园	绿带控制本身较严格，由于城市增长压力未得到有效疏解，政府不得不释放部分土地用于开发	
规划示意图				

三、区域分工合作和产业一体化是必然趋势，深入推进绿色低碳策略

国际三大城市群产业结构稳定，第三产业占比较大，加强区域分工合作和产业一体化是区域发展的必然趋势。伦敦都市圈从20世纪60年代开始经历了从重化工阶段到后工业化阶段，再到以服务业为主的转型历程。纽约都市圈通过将核心区的重工业外迁，并对内部产业进行优化升级，形成产业互补性强、经济错位发展的综合经济体，四个核心城市拥有比较明确的职能分工。东京都市圈第一产业主要分布在外围三县；第二产业则出现"阶梯式"下降的趋势，主要分布在东京都内和神奈川县；第三产业"阶梯式"急剧下降的特征尤为明显，38.5%的比重分布在东京都内，主要发展生产性服务业；埼玉县是东京都的副都，承接政府部分职能转移。京津冀地区未来需立足京津冀三地发展战略定位，进一步促进产业转型升级，加强区域分工合作，优化产业空间布局；逐步疏解北京地区一般性制造业、区域性物流基地、批发市场、部分教育医疗等非首都功能。

在低碳城市建设方面，国际都市圈和京津冀地区均构建了多层次的低碳空间策略（见表6-5），能源、交通和建筑是伦敦、东京和纽约的主要减排领域，强化对资源利用、交通出行和

建筑节能等领域的管控。京津冀地区应以绿色发展和产业转型升级为契机，提高产业发展的资源环境效率，大力发展节能环保产业；建设绿色低碳城市，提高土地集约化水平，推广绿色节能建筑，发展公共交通体系，倡导居民绿色消费和低碳生活方式。

表6-5 伦敦、东京、纽约与京津冀城市群低碳策略

	伦敦	东京	纽约	京津冀
大都市区	伦敦规划 2008 年；气候变化行动计划；能源战略	东京气候变化行动计划	纽约 2030 年，在所有纽约居民区附近提供公园	环首都国家公园，跨区域排污交易、环境污染第三方治理
能源	鼓励垃圾发电、可再生能源发电，本地化可再生能源，鼓励碳储存	促进并推动可再生能源使用，推广节能设备传播	新技术取代效率低下的发电厂；扩大清洁的分散式能源使用，推广可再生能源	煤改气，开发新能源，推广低碳产品和服务
交通	加大公共交通、步行和自行车系统投资；鼓励低碳交通工具和能源；对交通碳排放收费	节能型汽车使用规则；鼓励绿色汽车燃料的使用；实施全球最精细公共交通管理	发展公共交通，减少小汽车使用；提升小汽车、出租车的能源效率；降低燃料的二氧化碳排放强度	京津冀交通一体化，形成京津一小时通勤圈、两小时通勤圈；发展新能源汽车
建筑	BedZED 零碳社区；"绿塔"项目（零排放住宅）；住宅改造碳减排项目；金丝雀码头绿色屋顶项目	先进的建筑节能措施应用于政府建筑；新建大型建筑提出建筑节能策略；引入建筑节能认证制度	提高存量建筑的能源效率；要求新建建筑具备高能源效率；发展绿色建筑	成立京津冀钢铁行业节能减排技术创新联盟等

四、环境质量改善需较长过程，污染治理措施不断深化

20 世纪 50 年代的"伦敦烟雾事件"之后，伦敦开始加大力度治理空气污染：颁布了《清洁空气法》，对黑烟进行治理，之后不断完善法律法规和管理机制，优化能源和产业结构；20 世纪 80 年代起，开始从区域宏观角度控制空气污染；2000 年以后，治理重点转变为机动车尾气，现在伦敦的空气质量得到极大改善。在水污染方面，伦敦都市圈同样经历了长达 100 多年的流域污染与治理历程。伦敦市从 1850 年开始对泰晤士河全流域实施治理，修建多座污水厂，成立泰晤士河水务局，统一管理水处理、水产养殖等各种业务，有效保护有序开发，并不断投资对污水处理设施进行技术改造，实施严格的污染物排放控制措施和排污许可制度，经过近 150 年的治理，水质终于恢复至天然健康状态。

20 世纪 40 年代末，日本东京都市圈出现了严重的大气污染，50 年代、60 年代，日本政府颁布了《烟尘限制法》（1962 年）等法律法规，东京都政府公布了《污染物排放控制条例》（1969 年），SO_2、二氧化碳、烟尘的无序排放得到一定缓解。之后，东京都市圈的大气治理由最初的末端治理向源头主动治污转变，通过调整能源结构，开发利用新能源，到 20 世纪 70 年代之后，经过战后数十年的综合治理措施，东京都市圈空气质量才实现稳定改善。伴随 $PM_{2.5}$、O_3 浓度上升等新型大气污染问题的出现，东京都市圈通过产业转移、机动车尾气排放控制和

建筑节能、公交出行等综合措施，确保区域环境空气质量维持在优良水平。为治理机动车尾气污染问题，20 世纪 90 年代东京都开始实现智能化交通信息管理，为减小环境负荷，提高道路空间利用效率，鼓励采用公共交通方式出行；东京都实施了柴油机动车尾气控制措施，对尾气排放进行严格监督。东京都市圈环境质量改善的历程如图 6-2 所示。

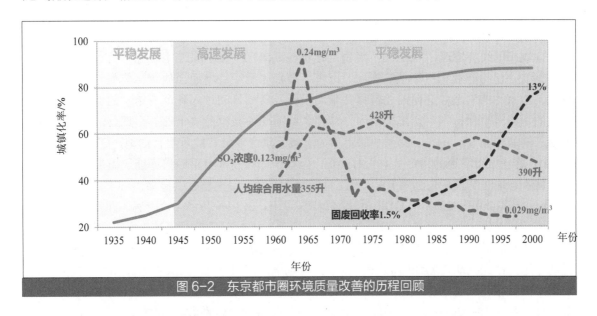

图 6-2　东京都市圈环境质量改善的历程回顾

京津冀地区经历了 20 多年的环境治理历程，但整体上区域环境质量恶化的趋势尚未得到根本性扭转，从国际城市群环境治理经验来看，京津冀地区环境质量改善仍需较长的时间。"十五"以来，京津冀地区污染治理取得了一定成效，工业点源基本得到控制，城镇污水收集处理设施快速建设；但与此同时机动车尾气排放、散煤燃烧、农业面源污染排放等新型污染问题开始凸显，仅依靠末端削减的方式治理污染面临很大的困难。从国际城市群污染治理经验来看，应不断深化污染治理措施，从点源污染控制向区域、流域综合治理转变，并结合空间格局优化、能源结构调整、产业转型升级、基础设施建设、绿色低碳发展等方式，实现区域经济社会发展与生态环境保护的协调一致。

第四节　经济发展与重点产业情景方案

一、GDP 与三次产业结构情景

"十二五"期间，京津冀地区保持了相对较高的经济增长速度。2010—2015 年，京津冀整体 GDP 平均增速 9.34%，其中北京平均增速 7.82%、天津 12.16%、河北 8.8%。但是受全国需求放缓和能源基础原材料产业产能过剩影响，GDP 增速呈现逐步下降的趋势。基本到 2015 年，北京与河北的大多数城市 GDP 增速在 7%以下，甚至唐山、秦皇岛、张家口、承德等城市的

GDP 增速下降到 6% 以下。以京津冀地区 2000—2015 年历史趋势数据和"十三五"规划中的 GDP 发展速度和产业结构调整目标为基础，根据不同地区的主体功能定位和发展情景，确定情景年京津冀地区 GDP 增速（见表 6-6）。"十三五"期间，随着《京津冀协同发展规划纲要》的实施，北京受非首都功能疏解影响，一般制造业和低端服务业外流将导致地区 GDP 增速放缓，因此其"十三五"规划中提出增速将在 6.5% 左右。天津凭借其全国先进制造研发基地、北方国际航运核心区、金融创新运营示范区的地位，以及滨海新区作为重点发展区优势，还将保持较高的经济增速，"十三五"经济增速将在 8.5% 左右。河北省各城市一方面受去产能影响，钢铁、建材产业相对集聚的唐山、邯郸、邢台等地经济增速会放缓；但另一方面，国家政策刺激京津的制造业会向河北转移并带动投资，新项目的进入和产业结构的调整会使经济增速的下降幅度保持在一定范围之内。梳理总结河北各城市的"十三五"规划，大多数城市提出其增速将在 7%～8%，沧州和保定作为承接北京产业转移的重要目的地，GDP 增速将达到 9%。这些城市增速的设定基本相对合理，但鉴于邯郸和邢台钢铁去产能压力加大，其 GDP 增速将不可能达到预期规划的 8%，因此对其增速进行一定调整；秦皇岛"十三五"规划增速为 8%，但其 2013—2015 年 GDP 增速均在 7% 以下，2014—2015 年为 5%，即使该地区大力发展旅游、健康、医疗等产业，对 GDP 增长拉动也相对有限，因此对其增速进行小幅调整。而通州北京行政副中心建设和首都新机场建设将对廊坊经济发展形成较强的要素扩散和经济带动作用，由此拉动其 GDP 增速在"十三五"期间也将保持在 8.5% 左右。2020—2035 年，随着中国城镇化和工业化进程的基本完成，中国经济将进入稳定状态，经济增速将进一步下降，预计是 2015—2020 年的 80%，大多数城市的经济增速将在 6%～6.5%。

表 6-6 京津冀地区各城市不同时期 GDP 增速				单位：%
城市	"十二五"增速	"十三五"规划增速	2015—2020 年增速	2020—2035 年增速
北京市	7.82	6.50	6.5	4.8
天津市	12.16	8.50	8.5	6.8
石家庄市	9.45	7.50	7.5	6.3
唐山市	8.19	6.50	6.5	6.3
秦皇岛市	7.69	8.00	7.5	6.0
邯郸市	8.63	8.00	7.5	5.8
邢台市	8.08	8.10	7.0	5.7
保定市	9.10	9.00	8.0	6.8
张家口市	8.08	8.00	8.0	6.0
承德市	9.02	7.50	7.5	5.7
沧州市	9.51	9.00	9.0	7.5
廊坊市	8.76	8.50	8.5	7.2
衡水市	9.47	8.50	8.0	6.3

京津冀地区三次产业增速的预测主要以 2010—2014 年各城市三次产业的发展趋势为基础，综合考虑 2000—2014 年的平均增速、2010—2014 年的平均增速以及 2012—2014 年的平均增速变化情况，结合其 GDP 整体增速，确定不同产业的发展增速，如表 6-7 所示。

城市	第一产业		第二产业		第三产业	
	2015—2020年增速	2020—2035年增速	2015—2020年增速	2020—2035年增速	2015—2020年增速	2020—2035年增速
北京市	4.0	3.0	5.0	4.0	8.0	7.0
天津市	5.0	4.0	9.0	8.0	13.5	11.0
石家庄市	6.0	5.0	8.0	7.0	12.0	11.0
唐山市	6.0	5.0	6.0	5.0	10.0	8.0
秦皇岛市	7.0	6.0	7.0	5.0	8.0	7.0
邯郸市	7.0	6.0	7.0	6.0	10.0	9.0
邢台市	7.0	6.0	7.0	6.0	11.0	9.0
保定市	8.0	6.0	8.0	7.0	11.0	9.0
张家口市	9.0	8.0	7.0	6.0	9.0	9.0
承德市	10.0	9.0	7.0	6.0	9.0	9.0
沧州市	6.0	5.0	9.0	8.0	10.0	8.0
廊坊市	4.0	3.0	7.0	6.0	15.0	9.0
衡水市	7.0	6.0	8.0	7.0	10.0	9.0

表 6-7 京津冀地区不同时期三次产业发展增速预测　　　　单位：%

根据上述确定的 GDP 增速和三次产业增速，确定京津冀地区各城市 GDP 及三次产业结构情景方案（见表 6-8）。预计到 2020 年，京津冀地区全面建成小康社会，GDP 总量将达到100 156 亿元，相较于 2015 年年均增速为 7%，是 2010 年 GDP 总量的 2.28 倍，可以实现 GDP翻一番的目标。到 2035 年，GDP 总量将达到 242 951 亿元，相较于 2020 年年均增速为 6.27%。京津冀地区三次产业结构（一产：二产：三产）将从 2015 年的 5.5%：38.4%：56.1%调整为2020 年的 5.0%：36.8%：58.2%，到 2035 年将调整为 4.3%：32.8%：62.9%。

表 6-8 京津冀地区各城市 GDP 及三次产业结构预测

城市	2020 年				2035 年			
	GDP/亿元	一产/%	二产/%	三产/%	GDP/亿元	一产/%	二产/%	三产/%
北京市	31 469	0.6	18.0	81.4	63 879	0.3	13.5	86.2
天津市	24 868	0.9	43.6	55.5	67 023	0.4	36.0	63.6
石家庄市	7 811	7.5	42.5	50.0	19 621	4.0	33.0	63.0
唐山市	8 362	8.0	53.0	39.0	21 005	6.5	44.0	49.5
秦皇岛市	1 795	14.0	36.0	50.0	4 302	13.0	32.0	55.0
邯郸市	4 516	12.0	47.0	41.0	10 569	9.0	40.0	50.5
邢台市	2 475	15.0	44.0	41.0	5 657	12.0	38.0	50.0
保定市	4 408	13.0	48.0	39.0	11 881	9.0	41.0	50.0
张家口市	2 004	18.5	40.0	41.5	4 800	15.0	33.0	52.0
承德市	1 950	18.5	46.5	35.0	4 458	16.0	34.0	50.0
沧州市	4 986	8.5	51.5	40.0	14 748	5.0	52.0	43.0
廊坊市	3 720	6.5	40.0	53.5	10 504	3.5	32.0	64.5
衡水市	1 793	13.5	45.0	41.5	4 503	10.0	43.0	47.0

京津冀地区内部发展水平差距减小（见图 6-3）。京津冀地区各城市人均 GDP 差距将由 2015 年的 4.4 倍逐步减小，至 2020 年、2035 年分别减小至 4.1 倍和 4.2 倍。同时，京津两地经济总量占比总体呈下降趋势。2035 年，北京经济总量占区域总量的 26.3%，下降 6.6 个百分点；天津经济总量占区域总量的 27.6%，上升 4.0 个百分点；沧州、廊坊、保定占比呈现小幅增长。

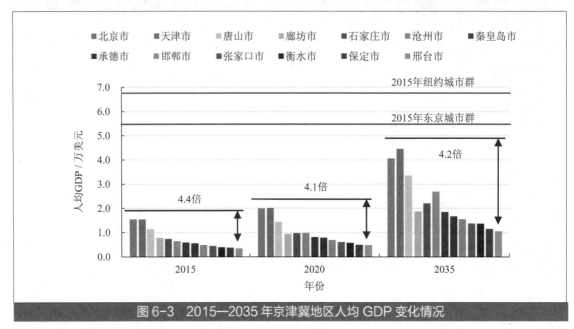

图 6-3　2015—2035 年京津冀地区人均 GDP 变化情况

二、主要产业的发展趋势与产量产值情景

根据我国相关产业规划，目前钢铁、有色、建材已经进入产能过剩后的去产能阶段，石化产业也进入总量缓慢增长和空间优化阶段，火电规模随着国内能源需求放缓以及能源结构调整进入了缓慢增长阶段。根据国家和相关省市的产业规划，对京津冀地区主要产业发展趋势进行预测。预计到 2020 年，北京的工业总产值将达到 24 000 万亿元，是 2015 年的 1.4 倍；天津达到 42 783 万亿元，是 2015 年的 1.5 倍；河北省工业总产值将达到 71 497 万亿元，是 2015 年的 1.7 倍。

在北京的工业结构中，煤炭、钢铁、石化、电力、有色和建材等能源基础原材料产业的比重将从 2015 年的 32.5% 下降到 2020 年的 27.0%，装备制造业的比重从 50.4% 提高到 53.6%。天津能源基础原材料产业的比重将从 2015 年的 39.3% 下降到 2020 年的 30.0%，装备制造业的比重从 39.5% 提高到 41.2%。河北省能源基础原材料产业的比重将从 2015 年的 50.2% 下降到 2020 年的 40%，装备制造业的比重从 24.1% 提高到 26.9%。到 2035 年，京、津、冀三地装备制造业比重将分别提高到 63.6%、49.0% 和 32.0%。

根据国家和相关省市的产业规划，对京津冀地区主要产业产能进行预测（见表 6-9）。钢铁行业受国内市场萎缩和发达国家工业回流影响，2016 年国务院印发了《关于钢铁行业化解过剩产能实现脱困发展的意见》，要求进一步压缩粗钢产能。目前全国的水泥和平板玻璃也处于产能过剩状态，根据《河北省化解产能严重过剩矛盾实施方案》提出的各城市产能压减容量，以及北京市和天津市的调减方案，结合后续的产能压力趋势判断，对2020年京津冀地区的水泥和平板玻璃产能进行预测。由于京津冀地区煤炭资源匮乏且大气环境污染压力加大，因此除企业自备电厂外，近年来该地区新建电厂多为城市热电厂或以大代小项目；受城市大气环境污染压力，北京和天津将进一步加大以气代煤的改造项目，将陆续通过燃气热电取代燃煤发电，以此为基础对2020年、2035年火电装机进行预测。京津冀地区现有的石化产业主要集中在曹妃甸、天津和沧州地区，曹妃甸是国家规划的沿海七大石化产业基地之一，就目前形势判断，2020年有可能达产；2035年前受油源和国内产能过剩影响，扩容有限；华北石化将扩容至1 000万t；因此，预计到2020年该地区的石油加工能力将达到7 100万t，乙烯生产能力将达到310万t，以及100万t的PX生产能力（见表6-10）。

表6-9　京津冀地区各城市重点行业产能预测

| 城市 | 钢铁/万t | | 水泥/万t | | 平板玻璃/万重量箱 | | 火电发电量/亿（kW·h） |
	2020年	2035年	2020年	2035年	2020年	2035年	2020年
北京市	0	0	400	0	0	0	370
天津市	2 000	1 000	1 000	0	2 000	0	711
石家庄市	1 000	1 000	6 000	5 000	1 500	0	354
唐山市	8 000	6 000	6 000	5 000	2 000	1 000	370
秦皇岛市	500	0	700	0	0	1 000	86
邯郸市	4 000	3 000	1 200	1 000	0	0	305
邢台市	700	500	2 000	1 500	14 000	10 000	81
保定市	0	0	1 000	500	0	0	150
张家口市	0	0	800	0	0	0	222
承德市	1 100	800	900	500	0	0	51
沧州市	1 150	1 500	370	0	0	0	190
廊坊市	830	0	0	0	1 500	0	139
衡水市	0	0	750	750	0	0	92

表6-10　京津冀地区石油加工企业及能力变化

| 企业 | 2015年 | | | 2020年 | |
	炼油能力	乙烯	其他主要化工产品生产能力	炼油能力	乙烯
燕山石化	1 000	80	56万t聚乙烯，40万t聚丙烯；24万t合成橡胶，24万t苯酚丙酮	1 000	80
#东方石化			丙烯酸及酯、醋酸乙烯、聚氯乙烯、高密度聚乙烯等		
#保定石化	#70		18万t蜡油，提供蒸汽、防水卷材		
华北石化	500		80万t芳烃	1 000	100
大港石化	500			500	
天津石化	1 250	20	38万t对二甲苯、34万t PTA、20万t聚酯、10万t聚醚	1 250	30
#中沙石化		100	100万t乙烯、65万t年裂解汽油加氢、30万t高密度聚乙烯、30万t线性低密度聚乙烯、4/36万t环氧乙烷/乙二醇、45万t聚丙烯、35万t苯酚丙酮、20/12万t丁二烯抽取/MTBE联合装置		100

企业	2015 年			2020 年	
	炼油能力	乙烯	其他主要化工产品生产能力	炼油能力	乙烯
石家庄炼化	800		260 万 t 柴油加氢、229 万 t 催化裂化、180 万 t 蜡油加氢、150 万 t 渣油加氢、120 万 t 连续重整装置；汽油、柴油、航空煤油、乙内酰胺、聚酰胺切片、硫酸铵、液化气、聚丙烯	800	
沧州炼化	350		汽油、柴油、液化石油气、聚丙烯、石油焦、硫黄、铝箔油料	350	
中捷石化	300			500	
#地炼				500	
曹妃甸石化				1 200	100 万 tPX

　　根据各城市所属的农业生产功能分区，基本以都市农业区、北部生态农业区总量调减、平原农业区不变但内部结构作物种植结构调整为原则，确定京津冀地区粮食及主要作物播种面积的变化趋势。作物单产则以 2016—2020 年取 2010—2014 年作物单产均值，2020—2035 年受农业生产和抗灾技术进步，粮食丰收保障系数加大，取 2010—2014 年的高值，从而计算出 2020 年、2035 年的粮食作物产量。而在 2020—2035 年的播种面积和畜牧业生产方面，假设 2020 年该地区城镇化趋势基本完成，土地利用结构和肉蛋奶需求基本稳定，农业生产基本进入稳定状态，粮食播种面积和畜禽饲养量也基本进入稳定状态。根据上述原则，预测京津冀地区各城市主要农作物产量变化（见表 6-11）。

表 6-11　京津冀地区各城市主要农作物产量变化　　　　　　　单位：万 t

城市	粮食总产量			小麦产量			玉米产量		
	2014 年	2020 年	2035 年	2014 年	2020 年	2035 年	2014 年	2020 年	2035 年
北京市	63.9	63.8	60.0	12.2	11.6	10.0	50.0	52.7	50.0
天津市	167.8	156.3	145.0	57.3	55.1	50.0	102.1	104.5	95.0
石家庄市	503.0	520.6	500.0	259.0	259.6	250.0	231.6	250.9	250.0
唐山市	305.0	307.9	317.0	64.0	63.8	60.0	176.6	179.6	184.9
秦皇岛市	85.3	85.8	90.0	2.1	2.1	2.0	58.0	56.4	58.1
邯郸市	544.9	554.4	562.1	263.0	263.9	265.0	264.5	270.4	280.0
邢台市	444.8	448.6	453.1	221.6	224.4	220.0	202.3	208.0	230.0
保定市	573.3	590.8	450.0	254.8	254.8	150.0	289.9	312.8	200.0
张家口市	156.9	158.9	150.0	0.0	0.0	0.0	84.9	86.7	88.5
承德市	124.0	136.0	130.0	0.0	0.0	0.0	83.7	91.2	95.0
沧州市	449.1	469.0	450.0	203.6	203.8	210.0	233.4	256.9	280.2
廊坊市	169.8	176.6	150.0	43.0	45.4	43.0	120.3	126.0	120.0
衡水市	364.1	372.4	370.0	185.9	186.1	186.4	171.7	182.7	188.5
城市	棉花产量			油料产量			蔬果产量		
	2014 年	2020 年	2035 年	2014 年	2020 年	2035 年	2014 年	2020 年	2035 年
北京市	0.0	0.0	0.0	0.7	0.8	0.8	262.3	280.0	309.0
天津市	4.9	4.8	4.7	0.6	0.6	0.6	455.1	459.0	494.0
石家庄市	1.1	1.1	1.1	20.7	21.4	22.0	1 370.9	1 408.1	1 522.9
唐山市	2.7	2.8	2.8	29.9	30.0	30.4	1 530.7	1 541.2	1 582.5

城市	棉花产量			油料产量			蔬果产量		
	2014 年	2020 年	2035 年	2014 年	2020 年	2035 年	2014 年	2020 年	2035 年
秦皇岛市	0.2	0.2	0.2	6.3	6.6	6.8	338.3	335.0	351.9
邯郸市	12.2	12.5	13.0	15.2	15.5	15.9	890.3	895.2	930.0
邢台市	19.5	19.8	21.5	16.9	17.5	18.9	401.7	410.4	430.5
保定市	2.2	2.2	1.5	27.7	28.1	20.0	1 096.3	1 104.0	800.0
张家口市	0.0	0.0	0.0	5.5	5.7	5.8	741.4	752.4	770.5
承德市	0.0	0.0	0.0	1.3	1.4	1.4	413.5	414.0	440.3
沧州市	11.0	11.3	11.8	10.3	10.4	10.5	628.9	630.0	682.0
廊坊市	3.0	3.9	3.1	3.9	3.9	4.1	778.6	781.3	826.9
衡水市	13.5	13.8	14.5	12.6	13.1	13.3	533.5	530.0	566.5

在畜牧业生产方面，以 2000—2014 年历史数据为基础，获取其变化趋势的基础上，以山地区域牛、马、驴等存栏量少量增长，近京津平原区域生猪存栏量小幅增长，以及家禽小幅增长为发展趋势，获得 2020 年畜牧业与家禽的预测值。2020 年，京津冀地区大牲畜存栏量将达到 703 万头，比 2013 年增长 1%。其中，牛的存栏量达到 614 万头，比 2013 年增长 0.4%；生猪存栏量 3130 万头，比 2014 年增长 0.3%；家禽存栏量 59 945 万只，比 2013 年增长 3.6%。

第五节 人口与城镇化情景方案

京津冀地区各城市人口与城镇化率情景方案如表 6-12 所示。整体来看，北京、天津的城镇化进程逐步放缓，河北省城镇化水平将保持较快增长，逐步缩小与全国和京津的差距。北京"十三五"规划建议首提严控人口规模。2015 年 11 月 25 日闭幕的中共北京市委十一届八次全会表决通过了关于制定北京市"十三五"规划的建议，首次提出了严控人口规模，明确了 2 300 万的"天花板"。2020—2035 年，北京"以业控人"的人口调控方案持续进行，人口结构和布局进一步优化，人口增长将继续放缓，城镇化水平上升空间较小。《天津"十三五"规划纲要》提出推动人才引进，主城区人口增长放缓，滨海新区和城市郊区人口增长加速。2020 年，天津总人口将达 1 800 万人，城镇化率达 90%左右；至 2035 年，按照与北京共同打造"双城"的目标，人口将增至 2 200 万人左右，城镇化率达 93%。河北新型城镇化与承接非首都功能共同推进，带动人口快速增长。《中共河北省委关于制定河北省"十三五"规划的建议》提出，至 2020 年城镇化率达 60%，总人口达 7 900 万人。按照《京津冀协同发展规划纲要》要求建成"以首都为核心的世界级城市群"，预计到 2035 年河北总人口将达 8 835 万人，城镇化水平继续提升至 72%。

北京中心城区人口疏解，外围城镇规模快速增大。根据北京"十三五"规划要求，北京中心城六区 2020 年人口将疏解近 200 万，城市新区与生态涵养区将新增人口 350 万左右，主要增长区域包括北京城市副中心、大兴机场临空区等。到 2035 年，全市总人口控制在 2 300 万以内，北京城六区将进一步疏解 100 万人，城六区人口规模控制在 1 000 万人以内；通州、大兴、房山、顺义等新城人口规模基本保持稳定。北京周边的廊坊北三县、固安、永清和天津的武清、宝坻，保定的涿州、高碑店等地是北京人口疏解的主要承接地，未来总人口和城镇化率将出现快速增长态势，城镇发展水平与北京郊区差距明显减少。

城市	2020 年			2035 年		
	总人口/万	城镇人口/万	城镇化率/%	总人口/万	城镇人口/万	城镇化率/%
北京市	2 300	2 116	92	2 300	2 254	98
天津市	1 800	1 620	90	2 200	2 046	93
河北市	7 900	4 772	60	8 835	6 388	72
廊坊市	570	365	64	820	656	80
保定市	1 280	730	57	1 500	1 125	75
石家庄市	1 160	754	65	1 300	1 014	78
唐山市	850	578	68	915	695	76
张家口市	480	278	58	510	357	70
秦皇岛市	320	186	58	340	231	68
承德市	360	216	60	390	265	68
邢台市	740	414	56	780	523	67
邯郸市	950	551	58	1 000	670	67
沧州市	740	466	63	800	544	68
衡水市	450	234	52	480	307	64

表 6-12　京津冀地区各城市人口与城镇化率预测

　　京津冀中部、东部地区人口集聚，区域城镇化水平趋于均衡，河北省"非首都功能疏解"重点承接城市人口增长率较高。根据河北及各城市人口增量规律和发展战略，预计石家庄至2020 年常住总人口将达到 1 160 万，2035 年再增长至 1 300 万。京津周边的廊坊、保定人口规模和城镇化率增长较快，廊坊 2020 年市域总人口规模在 570 万左右，城镇化率在 64%左右，2035 年市域总人口规模在 820 万左右，城镇化率在 80%左右；保定 2020 年总人口将达到 1 280万，城镇化水平将大幅提升。雄安新区 2020 年人口规模预计达到 100 万，远期将建成二类大城市，人口规模 200 万～250 万；此外，定州、辛集作为国家新型城镇化综合试点。沿海的曹妃甸区、沧州新区等地伴随产业集聚，人口规模也将出现较大幅度增加。

第七章

区域中长期环境影响预测与挑战

第一节 大气环境影响预测与挑战

一、能源消费将持续增长，工业能耗和煤炭消费仍是调控重点

采用万元产值能耗、城市人均用电/天然气/液化气、农村人均能耗、机动车平均百公里油耗等指标来表征情景年不同部门的能源效率，结合产业、城镇化情景，充分考虑区域能效变化趋势和国内外先进水平，分析得到未来情景年能源消耗量及用能结构。

京津冀地区未来能源消费将持续增长。京津冀 2020 年、2035 年能源消费量分别达到 4.7 亿 t 标煤和 5.7 亿 t 标煤，较 2016 年分别上涨 5.9%和 29.5%，未来区域内主要用能增长点在北京和天津，河北受压减产能影响能耗增幅有所控制。京津冀地区 2020 年、2035 年的工业能耗分别为 2.5 亿 t 标煤和 2.6 亿 t 标煤，万元工业产值耗能量分别为 0.17 t 标煤和 0.10 t 标煤，对比 2016 年分别下降 0.11 t 标煤和 0.20 t 标煤。仅考虑非首都功能疏解情况下，可疏解北京 8% 左右的产值，削减 2.1%的用能量，承接产业疏解的城市能源消耗相应有所上升，天津、廊坊、石家庄三地的用能量增加较多，其中天津增加 13 万 t 标煤，廊坊、石家庄增加 5 万~6 万 t 标煤，其余城市增加 2 万 t 标煤左右。

京津冀地区未来生活能耗大幅增长、煤炭比重大幅下降。2020 年、2035 年京津冀生活能耗较 2016 年分别增长 42.9%和 135.9%，散煤总量较 2014 年分别下降 62.0%和 90.0%。2020 年削减后的散煤消耗总量占京津冀煤炭总量的 5%，仍是城镇供暖煤炭需求总量的 3.3 倍。预测京津冀地区能耗分类（见图 7-1），未来京津冀地区煤炭占比将大幅下降，2020 年两市一省煤炭占比分别下降至 8.0%、40.0%和 62.5%；2035 年新能源占比将进一步提高，预计达到 12.0% 以上；钢铁、电力煤炭消费占比仍较高，分别占工业总煤炭消耗的 23.0%和 9.0%。

京津冀地区交通运输能源消耗将快速增长。2020 年，京津冀区域的交通总能耗将达到 5 833.8 万 t 标煤，较 2016 年增长 76.9%；2035 年为 7 681.1 万 t 标煤，较 2016 年增长 145.5%。北京 2020 年交通总能耗较 2016 年增长 83.9%，2035 年较 2020 年进一步增长 8.7%；其中公路客货运增幅相当。天津 2020 年交通能耗较 2016 年有 90.9%的增长，其中水路货运涨幅最大；

2035 年交通能耗较 2020 年有 87.2% 的增长。河北省各城市中，廊坊 2020 年的能耗较之评价年涨幅最大，达到 84%，其余城市涨幅在 42%～69%。沧州 2035 年的能耗较之 2020 年涨幅最大，达到 107%，其余城市涨幅在 68%～94%。唐山、秦皇岛和沧州等地交通能耗增长主要来自水路货运的增长，其他城市在 2020 年前的交通能耗增长由公路货运和公路客运共同承担，而 2020—2035 年的交通能耗增长则主要取决于公路货运的增长。

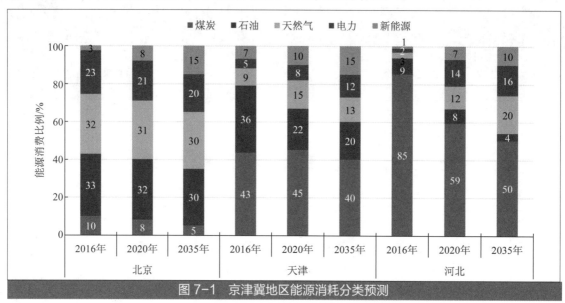

图 7-1　京津冀地区能源消耗分类预测

二、大气污染物排放总量将显著下降，移动源影响日益显著

依据各行业排放贡献比重，本研究将重点行业分为两类计算。对京津冀大气污染物排放贡献较高的火电、钢铁两个行业，情景年污染物排放量按照行业主要产品预测结果及国际最严行业排放标准。其他行业依据情景年工业产值和污染物排放强度计算，设定为 2020 年京津冀整体上达到长三角地区排放强度水平，2035 年向珠三角地区看齐。

根据预测，京津冀地区污染物排放量将大幅削减，河北大气污染通道城市采暖季污染压力突出。京津冀 2020 年 SO_2、NO_x 和烟粉尘排放量分别下降至 70.0 万 t、105.8 万 t 和 120.5 万 t；到 2035 年，将进一步减少至 45.4 万 t、73.7 万 t 和 70.4 万 t。京津冀地区季节性和局部地区污染排放超载较为突出，采暖季污染排放集中，且环境容量仅为夏季的 1/3～1/2，石家庄、邯郸、邢台、衡水、沧州和唐山等主要大气污染通道上的城市污染压力十分突出。仅受非首都功能疏解影响，北京市 SO_2、NO_x 排放分别减少 9.1%、2.3%；雄安新区作为重要疏解地，受产业升级等因素影响，SO_2、NO_x 排放预计较现状削减 92.8%、88.7%。2035 年，京津冀地区 PM_{10} 和 $PM_{2.5}$ 排放量进一步下降。

根据预测，京津冀地区工业排放持续下降，但仍为主要排放源。2020 年，京津冀工业 SO_2、NO_x 和烟粉尘排放量将分别为 53.1 万 t、38.8 万 t 和 84.8 万 t；2035 年，将进一步减少至 31.6 万 t、19.9 万 t 和 41.4 万 t，较 2015 年削减 68.6%、79.6% 和 65.4%，但占总体排放的比例依然达到 69.7%、27.0%、58.9%。

京津冀地区交通源占比逐步提升，船舶源影响日益显著。2020 年，京津冀机动车源 NO$_x$ 贡献率将提高到 58.0%，北京、天津、河北贡献率分别为 67.0%、47.0%、59.0%。2020 年，京津冀货运交通 NO$_x$ 排放将达到全社会的 14.0%，新机场新增 NO$_x$ 排放量相当于京津冀机动车排放总量的 7.7%。在考虑环渤海船舶排放控制区使用低硫油的情况下（见表 7-1），船舶源污染物排放受燃料升级的影响，SO$_2$、PM 的排放大幅下降，NO$_x$ 排放量持续上升。2020 年较 2015 年上升 41.1%，2035 年在 2020 年基础上下降 17.2%；2020 年，天津、河北船舶排放 NO$_x$ 分别相当于天津和河北沿海城市陆源排放的 33.3% 和 15.1%，2035 年总量相当于陆源排放的 58.7% 和 18.0%。HC、CO 也大体保持相同幅度的增长，给区域的大气环境治理带来更大压力。

表 7-1　京津冀情景年船舶大气污染排放情况						
港口水域	2020 年			2035 年		
	SO$_2$	PM	NO$_x$	SO$_2$	PM	NO$_x$
天津水域排放量/t	8 294	5 793	59 782	1 974	1 432	27 056
天津陆源/t	80 000	100 000	120 000	57 318	54 848	87 342
对比 2015 年变化幅度/%	−76.0	−32.9	29.5	−94.3	−83.4	−41.4
天津船舶排放对比陆源/%	9.4	5.5	33.3	3.4	1.6	49.3
河北秦唐沧水域/t	7 583	5 334	50 369	3 645	1 222	48 166
河北秦唐沧陆源/t	199 567	780 960	282 330	138 754	290 679	222 264
对比 2015 年变化幅度/%	−70.6	−17.2	59.5	−85.9	−81.0	52.5
河北船舶排放对比陆源/%	3.7	0.7	15.1	2.63	0.55	16.57

三、PM$_{2.5}$ 污染将明显改善，京津冀仍难以全面达标

京津冀地区 SO$_2$、NO$_x$ 污染有望在 2035 年实现全面达标，区域 PM$_{2.5}$ 年均浓度有望超标，北京有望实现稳定达标（见图 7-2）。2020 年 SO$_2$、NO$_x$ 年均浓度显著下降，分别下降到 40 μg/m^3、38 μg/m^3 左右，唐山、石家庄和邯郸等局部区域 SO$_2$ 仍然超标；区域 PM$_{2.5}$ 年均浓度下降到 60 μg/m^3 左右，中南部仍为主要污染区。到 2035 年，区域 SO$_2$、NO$_x$、烟粉尘有望实现全面达标，PM$_{2.5}$ 年均浓度有望达到 35 μg/m^3 的区域环境质量目标，北京、天津、廊坊及保定北部地区（雄安新区）PM$_{2.5}$ 年均浓度实现稳定达标。

四、O$_3$ 污染超标风险增加，多污染物协同控制亟待加强

目前，京津冀 O$_3$ 在 4—10 月污染频繁，甚至超过 PM$_{2.5}$ 成为夏秋季首要污染物；未来 O$_3$ 污染将会加重，与 PM$_{2.5}$ 污染并行，2035 年冀中南地区的 O$_3$ 浓度可能增加 20.0% 以上（见图 7-3），需进一步强化多污染物协同控制。O$_3$ 的形成与前体物 NO$_x$ 和 VOCs 关系密切。京津冀 2014 年 VOCs 排放量达到 172.0 万 t，天津、河北的 VOCs 排放量占区域 VOCs 总排放量的 80.9%，未来津冀应对炼焦、涂料、制药等行业的 VOCs 排放实行重点控制，VOCs 的排放预计可降低 30.0%～40.0%。由于石化行业向沿海聚集，京津冀形成了滨海新区、曹妃甸新区、渤海新区三大石化基地，将会加剧局部 VOCs 污染的风险。随着未来工业 NO$_x$ 排放控制水平的加强，机动车对 NO$_x$ 排放的贡献将逐渐增大。在河北海域，船舶大气排放目前不是河北区域大气污

染控制的重点，但随着河北产业结构调整升级、工业污染排放要求提高，在 2035 年及远期可能成为区域大气污染排放控制重点，需要密切关注。

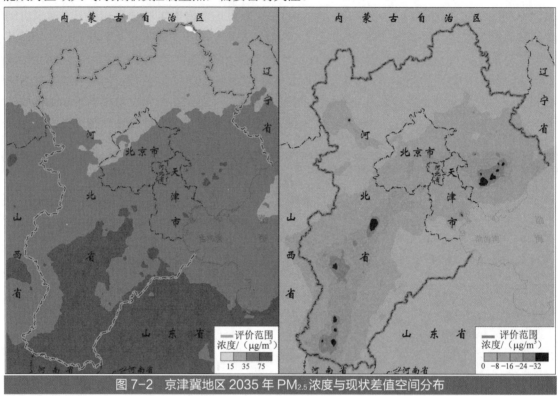

图 7-2　京津冀地区 2035 年 PM$_{2.5}$ 浓度与现状差值空间分布

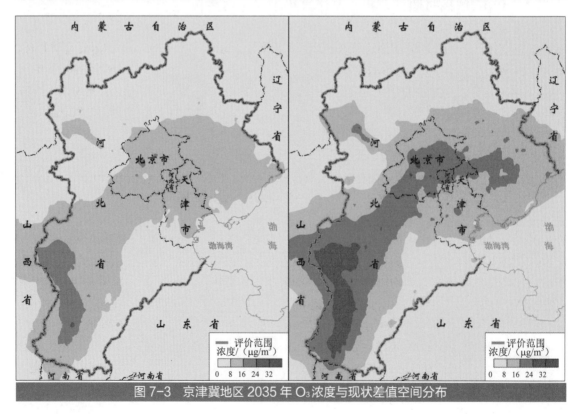

图 7-3　京津冀地区 2035 年 O$_3$ 浓度与现状差值空间分布

第二节　水环境影响预测与挑战

一、用水总量小幅增长，提升效率才能支撑经济社会发展

依据城市给水和节水发展规划的基础，本研究综合考虑区域社会、经济、产业发展现状，分析包括发展趋势、用水结构、用水效率以及国内外同类地区、类似发展阶段的指标比较分析，采用用水定额法预测生活、农业、工业和生态需水量。

京津冀 2020 年、2035 年用水量对比 2016 年将增长 4.7%和 26.7%，加上南水北调配水量，仍难以满足未来不断增长的用水需求，2035 年水资源缺口预计 28.8 亿 m^3，天津、石家庄、唐山、邯郸、邢台、沧州、衡水等地水资源供需矛盾最为突出。京津冀地区用水结构变化如图 7-4 所示。京津两地农业用水占比下降明显，河北有所上升；生态用水量有所增加，由 2016 年的 21.9 亿 m^3 增至 2035 年的 24.4 亿 m^3，用水总量占比由 7.0%增至 8.9%，但受水资源开发长期透支影响，生态用水被挤占的状况仍长期存在，难以支撑流域水系改善需求。为支撑京津冀地区未来的社会经济发展，效率提升将起到至关重要的作用。京津冀 2020 年、2035 年万元 GDP 用水量相比 2016 年分别下降 20.9%和 60.6%，其中北京的下降幅度最为显著。仅受非首都功能疏解影响，北京用水量减少约 9.9%，天津用水量增加 500 万 t 左右，石家庄、廊坊增加 200 万 t 左右，其余城市增加用水量 100 万 t 左右。2035 年，北京工业用水量下降 20.2%，天津工业用水升高 72.4%，河北下降 22.0%，其中唐山、邯郸、张家口、承德的降幅均在 30%以上。雄安新区开发建设新增水资源需求量 2 亿～3 亿 m^3/年，加上白洋淀每年生态补水量 1.5 亿 m^3 以上，除本区域地表水、浅层地下水资源支撑外，还需要跨区域调水予以支持。

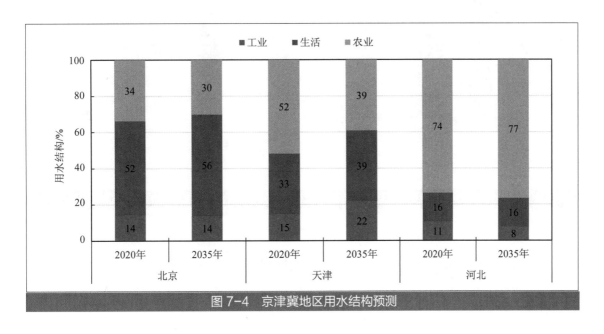

图 7-4　京津冀地区用水结构预测

二、水污染物排放总量削减较显著，农业面源排放贡献更突出

本研究在京津冀地区经济、社会发展情景预测结果的基础上，根据不同地区社会经济发展情景和环境治理水平，预测生活污水及水污染物排放情况。工业污染排放考虑产业结构调整、技术进步、治污能力提升等各项因素影响。农业污染排放预测综合考虑未来农业结构调整、面源治理、规模化畜禽养殖等措施的效果进行测算。

京津冀地区 COD 和氨氮排放量变化如图 7-5 所示。预计到 2020 年，京津冀 COD 排放量削减 37.5 万 t，比 2015 年减少 23.9%，2035 年比 2020 年又降低 66.2%；氨氮 2020 年削减到 6.8 万 t，约为 2015 年的 50.2%，2035 年进一步削减 70.9%。其中，河北削减空间较大，氨氮排放以农业及城镇生活源为主，通过污水厂提标改造和农业结构调整、退耕还湿、规模化畜禽养殖等手段可有效削减氨氮排放量，氨氮排放量 2020 年削减 44.5%。从未来的 COD 排放结构来看，北京生活排放占比升高，天津工业和生活排放占比升高，河北农业排放占比仍有所上升。在污水厂全面提标改造的基础上，未来生活源氨氮将大幅下降，农业将成为氨氮的主要贡献源，2020 年、2035 年占比分别达到 67.9% 和 51.0%。仅考虑非首都功能疏解，北京将削减 8.7% 的工业废水排放量、11.8% 的 COD 排放量以及 17.5% 的氨氮排放量，而周边产业疏解城市中，天津预计增加的水环境污染物排放量最多，石家庄次之；雄安新区作为重要疏解地之一，由于技术升级、管理严格化等原因，COD、氨氮排放预计分别较现状下降 58.0%、31.5%，对于改善区域环境质量将起到积极作用。

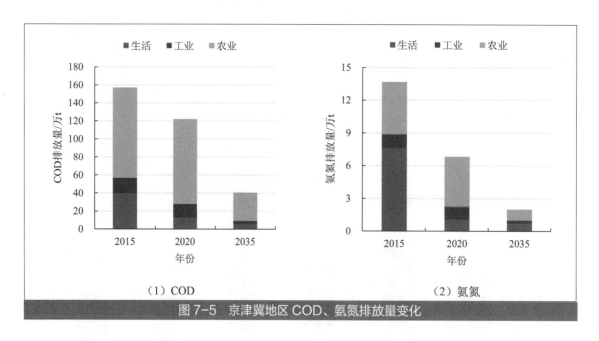

图 7-5　京津冀地区 COD、氨氮排放量变化

三、水环境超载依然普遍，重点流域水环境质量改善任务艰巨

根据《水污染防治行动计划》及各地实施方案确定的任务目标要求，京津冀地区 2017 年

基本达到阶段性水质目标要求。以水环境改善和水生态恢复为目标，即使未来采取较为严格的排放标准、更为先进的技术，京津冀地区 2020 年 COD 和氨氮超载率仍偏高，仅北三河平原区氨氮未超出允许入河量。子牙河、大清河和黑龙港水系的石家庄、邯郸、保定等地仍超出允许入河量两倍以上。预计 2020 年，全区域劣Ⅴ类断面比例有望降低至 25%～30%，污染排放压力将整体有所缓解，主要河流水质断面 COD 和氨氮年均浓度明显下降，但仍大幅超出环境容量。仅靠技术进步和效率提升带来的节水减排潜力虽然显著，但不足以消除水环境所面临的压力。此外，随着非首都核心功能疏解，保定、廊坊、沧州等重要承接地水污染压力将进一步增加。预计到 2035 年，区域生态流量得到总体保障，基本实现水环境功能区达标；伴随世界城市群建设的深入推进，通过实施流域水环境综合整治工程，预计到 2035 年，北三河、白洋淀水体实现水功能区达标。

第三节　生态系统的影响预测与挑战

一、区域生态安全格局稳中趋优，水循环失衡现象依然存在

京津冀地区区域生态格局稳中趋优。通过构建环首都成片林地、环首都国家公园，保护与恢复重点湖泊、湿地，建设燕山—太行山水源涵养区和坝上高原生态防护区，同时建设沿海防护生态带等措施，京津冀地区将总体形成"一核四区"生态安全格局，区域重要生态空间得到有效保护，到 2020 年，森林覆盖率将由 2017 年的 31.6%提升至 35.0%以上。京津冀地区纳入生态保护红线的面积超过 68 085.0 km^2，占区域国土面积的比例达 31.5%。

京津冀地区水生态系统短期内难以得到根本性改善，流域水循环失衡仍将长期存在。目前京津冀地区生态系统高度破碎化，缺乏相应的预警体系、防范体系，一旦遇到大型的自然灾害（如干旱），将出现无法承受的生态影响。此外，坝上草原的人工林合理性有待商榷，当前的人工林系统水源涵养功能较低，山区最大降水带未种植水源涵养植被，未能在山前形成有效的集水系统。

二、陆域生态系统保护将得到强化，局部生态功能区面临胁迫

京津冀地区局部城镇建设用地扩张威胁重要生态功能区与敏感区。未来京津冀陆域生态系统保护将得到强化，但是局部生态功能区受城镇建设、矿产开发等影响，生态保护压力有进一步加大的趋势。区域内将规划新建多个城市新区，随着北京城市副中心与非首都功能疏解环首都地区城市空间向东部持续扩张，多个重要河流廊道的保护和生态修复任务艰巨，北运河水系（永定河、北运河、潮白河）两侧 1 km 范围内建设用地规模占新增用地的 20%左右；雄安新区远期规划控制范围内包括了白洋淀西侧湿地和入淀河流，未来存在生态空间侵占的可能。

京津冀地区矿产资源开发与生态保护重要地区重叠，山区开矿将加剧区域水土流失和荒漠化等生态问题（见图 7-6）。京津冀地区 2020 年矿产资源发展以片区分布为主，河北石家庄

井陉矿区、邢台矿区、峰峰矿区等均与太行山山地水源涵养与水土保持区毗邻；沽源铀矿区和秦皇岛青龙铀，分别分布在坝上高原风沙防护区和燕山山地水源涵养与水土保持区；重要生态功能区内的张家口坝上地区以及承德围场满族蒙古族自治区和隆化县有11个铁矿开发和2个煤矿开发，矿产资源开发可能会进一步加剧植被破坏和水土流失等问题。

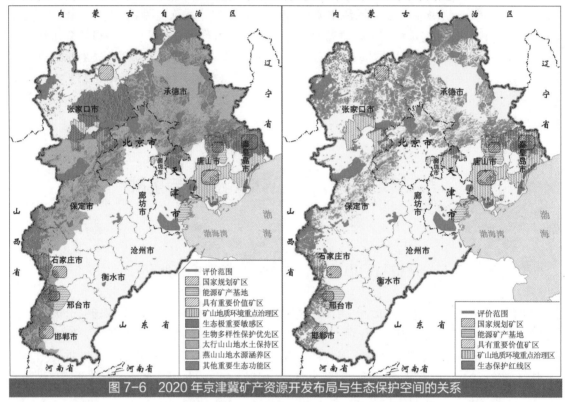

图 7-6　2020 年京津冀矿产资源开发布局与生态保护空间的关系

三、滨海湿地和自然岸线进一步受到占用，生态系统功能下降

京津冀滨海地区生态资源进一步受到侵占。沿海区域是京津冀地区未来城镇化发展和产业集聚的重点区域，天津、河北两地规划到2020年新增围填海规模分别达到9 200 hm²、14 950 hm²；尤其是滨海新区、黄骅市、曹妃甸等沿海地区，其岸线开发、城镇化和工业发展强度高，生态保护压力大。沿海地区高强度的开发建设活动、高风险区主要沿渤海湾分布，秦皇岛港、唐山港、天津港和黄骅港规划沿海港口岸线共计163.2 km，占地区海岸线总长的28.3%；用海方式多为填海造地，湿地面积大量丧失，不仅导致滨海湿地生境逐年减少，呈破碎化趋势，同时也改变了近岸水动力条件，使自然栖息地环境发生了变化，部分生态过程受到影响。国家重要生态湿地北大港湿地东部、北部当前建设用地密布，随着滨海新区的进一步开发，面临更严重的建设用地侵占威胁。

伴随着海上交通运输、临港工业的快速发展，京津冀近岸海域溢油事故风险加大。随着近年来30万t以上超大型油轮，和更大的38万t级矿砂船的建成投用，未来船舶大型化已经成为必然趋势。结合当前航运形式，预计到2020年年末，渤海海域散货船的平均吨位约为现在的1.02倍，油船的平均吨位约为现在的1.1倍。在2020年和2035年船舶艘次的空间分布格局与目前总体保持一致的前提下，2020 年和 2035 年评价范围的船舶污染指数如图 7-7 所示。
与风险现状相比，2020 年和 2035 年沧州海事局辖区的污染风险增加最大，主要与黄骅港的预
测吞吐量水平增长较快有关；其次为曹妃甸海事局辖区水域，主要由于随着曹妃甸国家石化
产业基地的建设，油品吞吐量的增加，使辖区的污染风险增长较大。

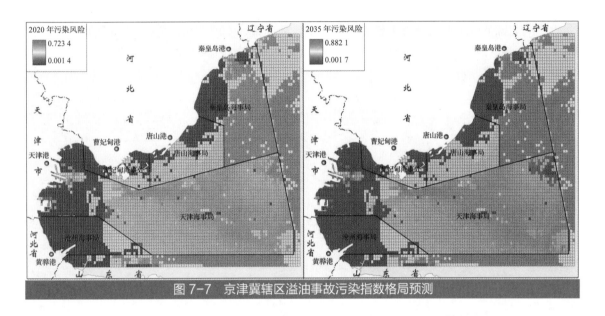

图 7-7　京津冀辖区溢油事故污染指数格局预测

第四节　人居环境安全的挑战

一、水资源短缺和水污染长期存在，威胁饮用水水源保障安全

京津冀地区高度依赖地下水和外调水，饮用水安全将长期面临水资源短缺和水环境污染
的双重压力。京津冀地区山区湖库水质较好，但总体来看饮用水水源结构单一，长期依赖外调
水、地下水。到 2035 年，预计区域城市用水总量将超过 300 亿 t，除南水北调配额 57.3 亿 t 以
外，地下水仍占京津冀地区总用水量的 30%以上。京津冀地区水源供给结构长期单一，本地
水资源短缺、利用程度超高，水源保障系统抵御自然灾害能力较差，存在较大的安全风险。
同时，由于输水渠道经过水污染较为严重的黑龙港、子牙河、大清河水系，存在水质交互影
响的风险。京津冀地区水库型地表水源地当前水质情况良好，但部分水库周围人为活动强度
高，未来饮用水风险将有所增加。

二、人口聚集区工业布局调整任务艰巨，人居环境安全风险突出

京津冀地区产城空间混杂格局仍长期存在，城市群地区人居环境安全风险水平整体较高。
伴随着京津冀协同发展战略的实施，区域城镇和产业格局进一步调整，但总体上京津、京石、

京唐三条轴线仍然是未来人口分布最集中、产业转型压力最大的地区,大气污染、产城混杂等问题导致的人居环境安全风险较高(见图 7-8)。目前该地区集中了区域内 70%以上的城镇人口和 80%以上的规模以上工业企业。其中,冀中南及唐山等重工业地区,工业厂房密度高,未来伴随产业转移,总体有分离的趋势,但产城混杂的布局状态短期内难以改变,部分钢铁、化工、建材等重污染企业搬迁的难度和不确定性较大,仍将长期威胁该地区人居环境安全。此外,河北部分以工业发展为主导的中小城镇(如辛集、沙河、霸州等)"工业围城"问题突出,"小、乱、散、污"企业监管难度大,伴随着未来承接京津产业转移,该地区的人居环境安全保障压力将非常突出。

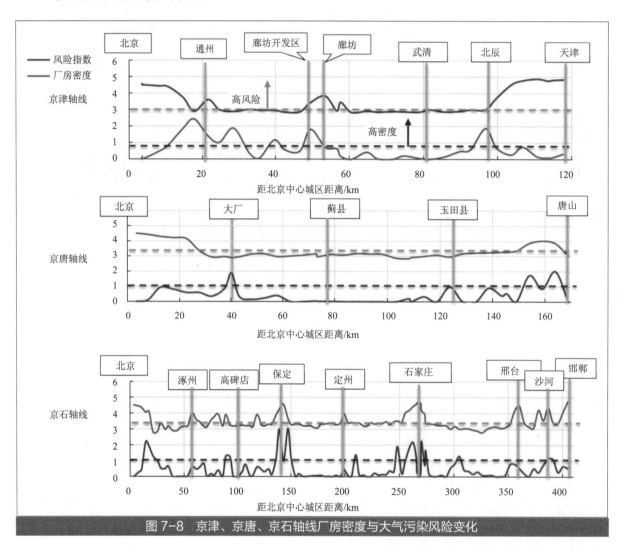

图 7-8 京津、京唐、京石轴线厂房密度与大气污染风险变化

京津冀地区石化行业集中布局,人口聚集区人居环境安全风险增大。到 2035 年,京津冀地区能源重化企业将进一步向沿海地区转移,唐山曹妃甸、滨海新区、沧州渤海新区等区域内将聚集大量的石化、化工企业。这些区域内石化企业规模大、产业门类齐全,且聚集在沿海通道上,大量海运、陆运交通运输,会对周边人口密集区带来很大影响。若区域内工厂、企业管理不善,就有可能导致跨区域、跨海陆的突发环境事件发生,届时人居环境安全风险

将成为影响区域和谐发展的重要因素。

三、土壤污染问题日益显现，垃圾处理安全隐患将不容忽视

京津冀地区城市棕地面积和污染风险较大，将危及人群健康。未来伴随京津冀地区产业转移、"退二进三"的进一步推进，城市人口集聚范围内遗留棕地的数量和面积将会逐步增加，由此带来的棕地污染风险也将上升。此外，京津冀地区污灌问题和农药化肥不合理使用现象仍较普遍，农用地土壤重金属污染影响食品安全。海河沿线、蓟运河沿线、京杭运河西北与子牙河东南相夹地区等存在较为突出的土壤重金属问题，在地区水资源极度缺乏、污水排放量和农业灌溉需水量逐年增加的情况下，再加上农民生计及对农产品产量的刚性需求，污水灌溉的问题势必长期存在，对区域土壤环境带来负面影响。未来农药化肥的不合理使用将加剧土壤污染风险，畜禽废物中重金属和抗生素经还田造成的土壤污染也将进一步加剧。

京津冀地区城市生活垃圾产生量与日俱增，垃圾围城、占村问题日渐突出。到2035年，京津冀地区城镇化率将达到80%，城镇人口规模比2015年增加3 700万人以上。伴随城镇规模的扩张和生活水平的提升，生活垃圾产生量将快速增长，各地生活垃圾无害化处理能力不足与分布不均衡的问题日趋突出，"垃圾围城"问题日益加剧，特别是农村地区垃圾收集、处理能力严重滞后，露天堆放现象时有发生。据统计，2015年京津冀地区以填埋方式处理垃圾量约占总处理量的80%，以北京市为例，若延续传统的垃圾处置模式，未来4～5年大部分垃圾填埋场将被填满。改变垃圾处置模式，实现生活垃圾减量化、循环化和再利用将成为保障城市人居环境安全的重要任务之一。

京津冀地区危险废物收集处理能力严重不足，安全防控长期面临挑战。近年来，京津冀地区工业固体废物产生量整体呈现上升趋势，尤以危险废物种类繁多、性质复杂。危险废物利用处置能力的长期不足，导致危险废物的大量堆积，成为威胁区域生态环境质量及人居环境安全的极大隐患。天津市具有华北平原最大的电子垃圾处理中心，河北省电子废物拆解小作坊众多，京津冀地区未来危险废物产生量不会明显降低，处理能力不足的现象仍将长期存在。

第八章

资源环境承载力与"三线一单"管控

第一节 资源环境承载力分析

一、可利用水资源

以各城市本地多年平均水资源可利用量为基础，并将未来区域外调水纳入考虑范围，确定有效水资源量，以此作为本研究进行水资源承载能力分析的基础；为了更好地体现水资源量与区域城镇化发展的关系，本研究同时预测分析了人均水资源量的变化趋势（见表8-1）。

表8-1　京津冀各城市可利用水资源量及人均可利用水资源量变化

城市	多年平均水资源可利用量（含外调水）/亿 m³	人均可利用水资源量/m³		
		2016 年	2020 年	2035 年
北京市	49.8	231.4	216.5	199.2
天津市	25.9	168.7	143.9	112.6
石家庄市	29.0	273.0	249.8	230.0
唐山市	25.6	329.4	301.1	284.3
秦皇岛市	15.4	501.6	480.3	458.8
邯郸市	20.7	220.9	218.0	213.5
邢台市	17.9	247.2	242.4	236.1
保定市	35.0	304.2	273.0	253.3
张家口市	18.0	406.9	374.2	359.8
承德市	37.6	1 066.0	1 044.4	989.5
廊坊市	9.8	217.7	172.7	125.4
沧州市	17.2	232.7	231.9	225.8
衡水市	10.5	236.2	232.2	222.3

二、水环境承载力

本研究将已有研究成果《京津冀区域环境承载力评价研究报告》中给出的基于环境容量的水环境承载力测算结果作为水环境纳污能力的基准值。该研究中，对于有长时间连续水文观测数据的河流，选择水文保证率为 90%～95% 的流量或近 10 年最枯月（季）平均流量为设计流量，污染物降解系数则考虑了地域差异和水质本底差异。对比 2016 年京津冀各城市水污染排放量，为达到水资源环境改善阶段目标所需削减 COD 和氨氮排放量，结果见表 8-2。

表 8-2　对比 2016 年京津冀各城市为满足水环境质量要求所需削减水污染物排放量

单位：万 t

城市	COD	氨氮
北京市	4.86	0.26
天津市	4.11	0.32
石家庄市	1.83	0.09
唐山市	3.83	0.21
秦皇岛市	1.53	0.08
邯郸市	1.21	0.06
邢台市	3.81	0.16
保定市	2.13	0.08
张家口市	1.12	0.03
承德市	1.14	0.05
廊坊市	2.36	0.06
沧州市	2.63	0.11
衡水市	1.83	0.07

三、大气环境承载力

以京津冀大气环境中的 $PM_{2.5}$ 质量浓度满足京津冀各阶段环境保护目标为原则，综合考虑大气污染物平流扩散、干湿沉降、化学转化等迁移和转化过程，并解析二次污染物 $PM_{2.5}$ 中各组分的贡献，利用区域空气质量模式 NAQPMS，分别计算了以 $PM_{2.5}$ 年均浓度达到环境保护目标为约束的京津冀 13 个城市的 SO_2、NO_x、$PM_{2.5}$ 和 PM_{10} 环境容量。以京津冀地区各情景年的环境目标为基础计算出各城市情景年的大气环境容量，从而得到对应 2020 年、2035 年阶段目标所需削减的污染物排放量（见表 8-3）。

表 8-3　对比 2016 年京津冀各城市为达到情景年大气环境质量阶段目标所需削减大气污染物排放量

单位：万 t

城市	SO_2		NO_x		PM_{10}		$PM_{2.5}$	
	2020 年	2035 年	2020 年	2035 年	2020 年	2035 年	2020 年	2035 年
北京市	2.5	4.1	3.0	6.6	0.7	2.3	0.5	1.6

城市	SO₂		NOₓ		PM₁₀		PM₂.₅	
	2020 年	2035 年	2020 年	2035 年	2020 年	2035 年	2020 年	2035 年
天津市	2.2	5.1	1.9	5.5	0.2	5.0	0.2	3.5
石家庄市	2.3	5.0	1.6	5.7	2.9	5.5	2.0	3.9
唐山市	11.1	15.3	12.1	15.9	38.4	44.6	26.9	31.2
秦皇岛市	2.3	3.6	2.5	3.8	2.8	5.2	1.9	3.6
邯郸市	4.0	8.3	3.3	6.7	22.2	26.1	15.5	18.3
邢台市	5.1	6.2	8.2	10.1	7.4	9.7	5.2	6.8
保定市	2.7	3.9	0.6	2.6	2.8	4.0	1.9	2.8
张家口市	2.4	4.2	1.5	3.3	2.3	4.2	1.6	2.9
承德市	1.3	3.5	0.8	2.1	4.8	6.1	3.4	4.2
廊坊市	0.0	1.0	0.0	1.7	0.1	1.7	0.1	1.2
沧州市	0.8	2.1	1.1	2.6	0.5	2.9	0.3	2.0
衡水市	1.5	1.9	0.3	0.8	1.1	1.6	0.8	1.1

注：削减量为根据京津冀各城市 2020 年、2035 年阶段目标所需削减的量。

四、资源环境综合承载力分析

根据对京津冀各城市人均水资源量、水环境和大气环境的环境容量测算，综合评价区域内资源环境承载力。因各项资源环境承载力的物理意义均不相同，无法直接进行计算，故本研究将各项指标进行标准化后，计算资源环境综合承载力（见图 8-1、图 8-2）。

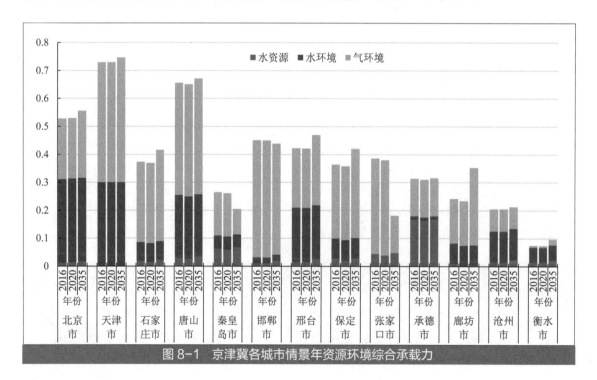

图 8-1　京津冀各城市情景年资源环境综合承载力

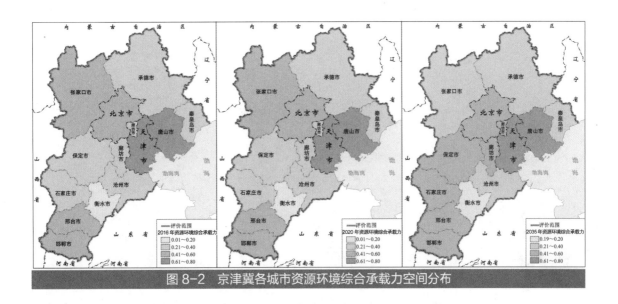

图 8-2　京津冀各城市资源环境综合承载力空间分布

第二节　资源环境综合承载力及利用水平分析

水环境、大气环境均包含多项污染物指标，为了更好地反映首要污染物对区域环境的影响，本研究以环境承载利用率最高的污染物作为反映整体承载利用水平的指标。

一、水资源环境承载力利用水平

京津冀地区总体上属于资源型缺水区域，2015 年在考虑外调水的情况下，依然有衡水市、沧州市、廊坊市和唐山市 4 个城市水资源利用（含生态用水）超载。未来随着城镇化进程的进一步推进，水资源承载力压力加剧，2020 年天津市、石家庄市、邢台市将出现超载。到 2035 年，京津冀地区水资源利用超载的城市将增加到 8 个。京津冀地区当前水环境承载力利用超载问题十分严重，评价区内所有城市均超载 5 倍以上，部分地区如石家庄市、邯郸市、保定市、承德市、廊坊市、衡水市超载 10 倍以上。未来水环境承载力利用水平稍有缓解，但 2020 年全面超载的情况依然难以改变。到 2035 年，水环境质量将明显改善，区域整体水环境承载逐渐满足环境要求，但是水资源承载力超载压力仍较大（见图 8-3）。

二、大气环境承载力利用水平

京津冀各城市现状大气环境超载现象严重，所有城市均超载，天津市、秦皇岛市、邯郸市、邢台市均超载 1 倍多，最严重的唐山市超载 3 倍以上。未来评价区大气环境承载力利用水平逐渐改善。但是由于污染排放大部分集中在市辖区等人口密集区域及其周边，这些区域的大气环境承载压力到 2020 年依然居高不下，这种现象在保定、衡水、邢台等地的市辖区尤为明显。到 2035 年，预计大部分地区可以实现大气污染排放不超载，仅唐山、邢台、邯郸、沧州等地的局部地区存在超载风险（见图 8-4）。

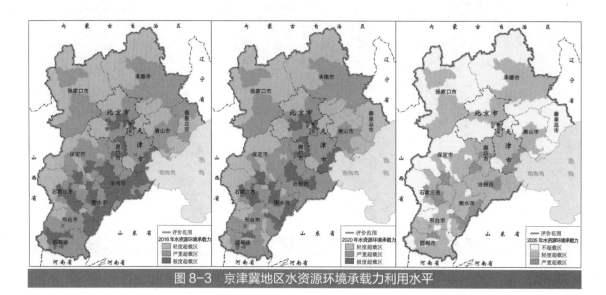

图 8-3　京津冀地区水资源环境承载力利用水平

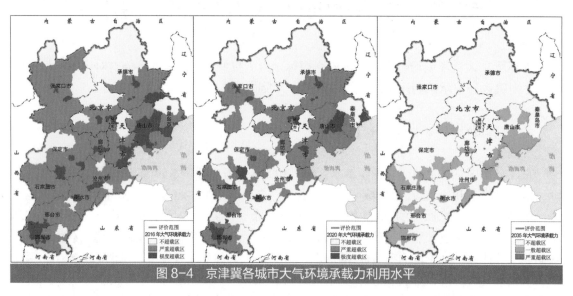

图 8-4　京津冀各城市大气环境承载力利用水平

三、资源环境综合承载力利用水平

随着人口增长、城镇化水平提高和社会经济不断发展，京津冀地区各城市资源环境将会面临严峻的考验。为了满足区域内经济发展、工业化、城镇化的需要，未来的需水量、水环境污染物与大气环境污染物排放量均会发生变化。本研究分析了资源环境的综合利用水平，评价区域资源环境变化情况。结合京津冀各城市水资源、水环境、大气环境容量，现状年、未来情景年的资源利用、污染排放情况，得到各城市的资源环境综合承载力利用水平。

如图 8-5 所示，受到水环境容量严重超载、水资源消耗量逐步增加、少数城市大气环境容量的持续超载等的影响，未来较长一段时间内京津冀地区资源环境利用水平仍将整体处于严重超负荷状态，特别是雄安及白洋淀流域、北京城市副中心及周边、沿海产业集聚区、冀中南东部平原区和张承水源地上游等区域，这些区域也是未来环境管控的重点。到 2035 年，随着生态环境治理的整体推进，京津冀资源环境综合承载压力将大幅缓解，下降 65%～90%。水资源环境超载倍数将由 2016 年的 3.15～11.25 倍降低到 2035 年的 1.01～1.44 倍，大气环境超载范围占比将由 2016 年的 63.3%降低到 2035 年的低于 10%，生态环境有望实现根本好转；但廊坊、唐山、石家庄部分地区、沿海产业集聚区、冀中南东部平原部分地区资源环境承载压力依然较大。

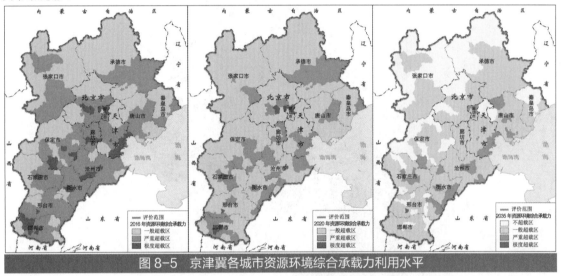

图 8-5　京津冀各城市资源环境综合承载力利用水平

京津冀地区水资源环境承载压力整体下降明显，京津中心城区降幅相对较小（见图8-6）。与2016年相比，2035年京津冀地区水资源环境承载压力将整体下降30%～80%，平均下降62.4%；83.9%的区县降幅超过50%，占区域国土总面积的82.7%。北京、天津、石家庄、廊坊、保定、邯郸等市降幅最明显，平均降幅超过66%；其中，石家庄降幅最大，为74%。京津中心城区水资源环境承载压力降幅较小，其中，北京中心四区降幅为52%，天津中心六区降幅为45%。

大气环境承载压力整体大幅下降，雄安新区周边下降尤为明显（见图 8-7）。与2016 年相比，2035 年，京津冀地区大气环境承载压力整体下降 24%～80%，平均下降 56.5%；68%的区县降幅超过 50%，占区域国土总面积的 62.5%。保定、衡水、廊坊等市降幅最明显，平均降幅超过

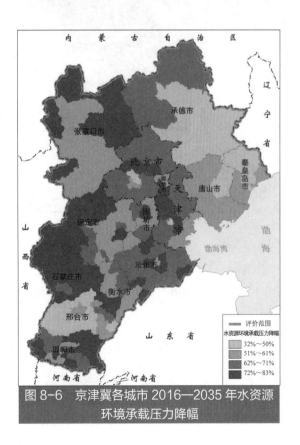

图 8-6　京津冀各城市 2016—2035 年水资源环境承载压力降幅

67.5%；其中，保定、衡水降幅最大，达 70%。唐山、邢台两地下降幅度也较大，分别为 65.3%、63.2%。沧州地区大气环境承载压力降幅相对较小，平均降幅为 32%。

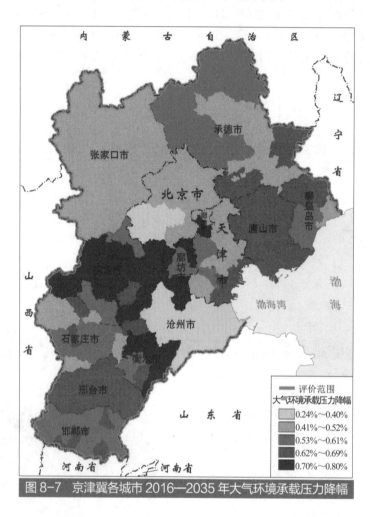

图 8-7 京津冀各城市 2016—2035 年大气环境承载压力降幅

第三节 "三线一单"管控要求

一、严守空间管控红线

（一）划定空间管控红线的技术思路

京津冀地区空间管控红线包括生态保护红线、环境质量红线和人居环境安全红线三类。其中，生态保护红线范围主要包括重点生态功能区、禁止开发区、重要的生态功能区和生态敏感区/脆弱区，环境质量红线范围主要包括污染严重超标区、区域/流域污染主要输送源地区和环境受体敏感区，人居环境安全红线范围主要包括人群聚集区、敏感人群活动区和环境风险防控区等。京津冀地区空间管控红线的主要管理要求和原则如下：

①生态保护红线：以自然生态保育功能为主，严禁人为开发建设。应明确生态保护红线边界范围，遵循性质不转变、面积不减少、功能不降低等原则。根据生态红线范围的自然资产类型，进行自然资产确权和责任划定，明确管理职责和要求，进一步提高生态保护红线的刚性约束。

②环境质量红线：环境修复与治理的重点区域，应综合运用"关、停、迁、转、禁"等措施，强化环境污染治理和修复，改善环境质量。在环境质量改善和稳定达标前，应禁止新增污染排放项目；环境质量稳定达标的，可动态调整为非红线区。

③人居环境安全红线：人居环境安全保障的重点区域，完善环境基础设施，强化环境风险防控。因城镇发展空间拓展或城市规划区范围调整的，应根据需要适时调整红线范围，确保人居环境安全；因周边环境风险提高或污染加剧，导致区域不宜人居的，应及时进行调整。

（二）建立生态保护空间体系，维持区域生态安全格局

建立"山水林田湖草"格局的京津冀生态保护空间体系，维持区域生态安全格局。根据全国主体功能区划、全国生态功能区划及以上分析，将重要生态功能区、敏感区/脆弱区纳入区域生态保护空间管控范围。其中，重要生态功能区包括浑善达克沙地防风固沙区、西北部生态涵养区、燕山—太行山水源涵养与土壤保持区；生态敏感/脆弱区包括永定河、潮白河、大清河、滦河、南北运河等重要河流生态廊道，白洋淀、南北港、衡水湖等重要湖泊湿地，及环首都国家公园体系。此外，生态保护空间纳入京津冀地区自然岸线 115 km。最终划定生态保护空间范围面积占京津冀国土面积的 53.1%（见图 8-8），其中生态保护红线占京津冀国土面积的 31.5%。

生态保护红线包括自然保护区的核心区和缓冲区、自然类风景名胜区的核心景区、饮用水水源保护区的一级保护区、国家森林公园的生态保育区等；原则上禁止以开发建设为目的的各种人为活动，禁止与区域保护无关的项目进入，现有的项目要限期关闭搬迁；在保护区外设置缓冲带，建设 1～2 km 的林草防护带。其余生态保护

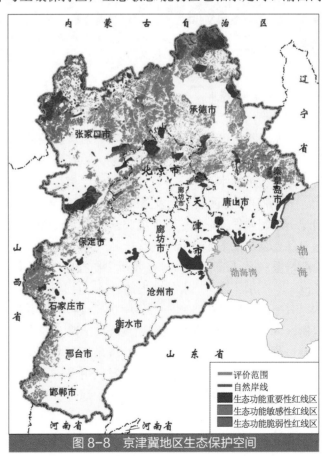

图 8-8　京津冀地区生态保护空间

评价范围
自然岸线
生态功能重要性红线区
生态功能敏感性红线区
生态功能脆弱性红线区

空间范围内禁止有损其主导生态系统服务功能的产业，对准入的产业应明确环境准入条件，实行区域污染物行业排放总量控制；严格企事业单位污染排放管理，制定更严格的排污许可限值和管理要求。

（三）划定环境控制分区，治理改善重点控制单元

环境控制分区旨在治理环境污染和控制重点单元，采用分区管制和单元调控相结合的方式，实现研究区域的生态环境质量改善，提高资源环境支撑能力。

划定大气环境控制分区，明确不同分区阶段性控制目标和管控要求。综合各地空气质量、排放特征、输送特征和承载力分析结果，将京津冀地区划分为环境风险防控区和污染管控区，大气环境污染管控区又分为大气环境红线区和大气环境严控区（见表 8-4）。对大气环境红线区，应划定控煤区及货运管控区，严格控制燃煤项目建设；严禁新建燃煤大气污染企业，已有大气污染企业要实现达标排放；污染企业数量只能减少，严格禁止新上污染项目；实施钢铁、建材、电力等行业产能压减；加强能源重化工企业布局调整和优化，加快实施企业搬迁。对大气环境严控区，应加快淘汰落后产能；严格执行新建项目准入要求，新增产能实行倍量替代。对大气环境污染防控区，应加大清洁技术改造，进一步落实减排；严格执行新建项目准入要求，新增产能实行倍量替代；合理布局产业园区。

表 8-4 京津冀地区大气环境控制分区

类别	区域	面积/km²	面积比例/%
红线区	邯郸、邢台、石家庄、衡水、保定、北京东南部、廊坊、唐山、天津武清、市辖区、沧州西南部县区，以及秦皇岛、张家口、承德市辖区等	98 332	38
严控区	红线区、防控区以外的地区	57 183	32
防控区	张家口、承德北部及太行山地区	59 805	30

划定水环境污染控制分区，明确不同流域和控制单元管控要求。以区域水环境功能区划目标为基础，根据京津冀地区行政区划，以县级为单位将滦河及冀东沿海、北三河水系、永定河水系、大清河水系、子牙河水系、漳卫南运河水系、黑龙港运东水系划分为小流域控制单元。根据京津冀各区县单元及其所属水系流域未来水资源条件、生态用水保障的难易程度、当前地下水超采程度、当前水环境质量优劣、未来污染排放造成的环境容量超载程度 5 个方面，对各要素加权平均打分后进行排名，选取前 30% 作为水环境重点管控区，中间 45% 为水环境严格限制区，后 25% 作为水环境风险防控区，这三类水环境控制分区面积占比分别为 17%、45% 和 38%。水环境重点管控区内的区县，应采取限制性发展的策略，对其未来发展的规模、结构、效率做严格管控，水资源环境状况改善的权重应高于社会经济发展的权重；水环境严格限制区内的区县，应采取控制性发展的策略，对未来增长做适当管控，要求适度发展，并在发展过程中逐步理顺和协调社会经济系统与水资源环境系统之间的关系；水环境风险防控区则可以采取保护性发展的策略，在发展中保护、在保护中发展，在积极发展的过程中保证资源承载状况和生态环境质量不得恶化。综合以上大气环境控制分区与水环境控制分区得出环境质量控制分区，如图 8-9 所示。

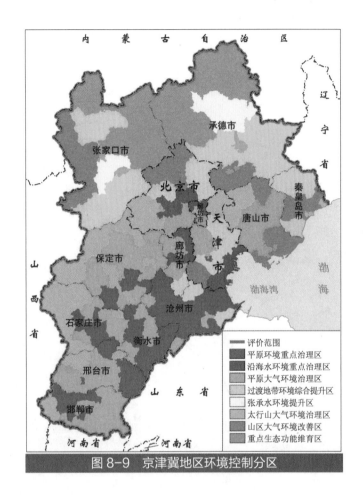

图 8-9 京津冀地区环境控制分区

（四）明确人居环境安全管制分区，保障人居环境安全水平

结合京津冀地区城市边界和人口密度分布情况，划定城市人口集聚区；将城市边界范围内的厂房密集区(城市范围内工业厂房密度高于1%的地区)识别为人居环境安全风险防控区，综合二者划定京津冀地区人居环境安全管制分区（见图8-10）。人居环境安全重点管控区集中在京津廊保及各地级以上城市人口聚集区，共 6 282 km²；应重点排查人口聚集区内化工危险类的、有污染的生产企业，并限期搬迁或关停；发展高端产业、服务经济及高端制造业，同时提升城市服务功能；严禁新增工业项目准入。人居环境安全严格治理区包括环首都地区、冀中南城市群，共3.6 万 km²；环首都地区严格产业准入，禁止能源重化工的行业聚集，弱化产业发展定位；冀中南城市群应严格进行产业筛选，控制新增工业用地，加强产业园区的整合提升。人居环境安全风险防控区包括区域内各主要城镇规划区，共 2 942 km²，应合理引导中小城镇发展，加强"小、乱、散、污"企业环境整治，加快淘汰落后和污染企业疏解、退出和转型升级；加强工业用地和工业园区管控，新增工业项目一律入园管理。

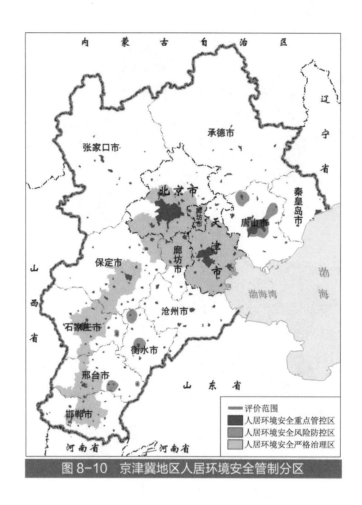

图 8-10　京津冀地区人居环境安全管制分区

（五）分级分类划定空间管控分区，差异化区域引导与管理

为更好地对京津冀地区实施差异化的空间管理，将该区域进行分级分类空间单元划分，共划分为两级控制单元。结合主体功能区划分、生态功能区划分及水资源分区结果，划分京津冀地区一级控制单元52个。结合生态保护空间、环境控制分区及人居环境安全管制分区，进一步细化一级控制单元，得到京津冀地区综合控制单元（见表8-5）。基于综合控制单元的生态环境管控要求详见附录。

表 8-5　京津冀地区综合控制单元统计

类型		内容	面积/长度	比例/%
生态保护空间	禁止开发区	自然保护区、湿地公园、风景名胜区、森林公园、水产种质资源保护区、地质公园、自然文化遗产等	14 148 km²	7
	重要生态功能区	风沙防治、水源涵养、土壤保持、沿海湿地等	92 456 km²	43
环境质量管控区		大气环境重点控制区	70 707 km²	33
		水资源环境改善重点控制区		
		环境综合治理区		

类型	内容	面积/长度	比例/%
人居环境安全管控区	京津大都市圈人居环境安全保障区	37 549 km²	17
	冀中南城市群重点发展区		
	城镇人口聚集区		
	人居环境安全风险管控区	1 656 km²	
岸线	自然岸线	115 km	64

二、严格环境质量底线

（一）确保大气环境质量改善，实施污染减排强化措施

以京津冀各城市大气环境保护目标为约束，综合考虑大气环境容量、大气环境承载力、相关规范要求等，核算京津冀区域内可分配的大气污染物排放总量，即核算允许排放量。京津冀地区主要存在以 $PM_{2.5}$ 为主要污染物的灰霾污染，传统三大污染物（SO_2、NO_2 和 PM_{10}）仍存在超标现象，PM_{10} 污染问题尤其突出。SO_2 和 NO_2 是 $PM_{2.5}$ 形成的重要前体物，PM_{10} 中包含 $PM_{2.5}$，因此本研究将 SO_2、NO_x 和 PM_{10} 确定为纳入排放总量管控的主要污染物。

将保障大气阶段目标前提下核算的环境容量中的 5% 视为安全余量，确定京津冀各城市污染物允许排放量（见表 8-6）。2015 年，SO_2、NO_x 和 PM_{10} 的排放量分别是 2020 年允许排放量的 2.1 倍、1.7 倍和 1.5 倍；在加强生活、机动车大气污染控制的基础上，通过钢铁、电力、建材、石化等重点行业技术升级和规模压减可保证区域 SO_2、NO_x 不超允许排放量，但 2020 年京津冀地区 PM_{10} 仍将超载 4.2%。其中，唐山、邯郸、沧州需进一步削减 SO_2，2020 年需在现状年排放量基数上分别减少 22.7%、12.6% 和 1.0%；唐山、秦皇岛、邯郸、廊坊的 NO_x

城市	SO₂		NOₓ		PM₁₀	
	2020 年	2035 年	2020 年	2035 年	2020 年	2035 年
北京	6.9	3.1	12.7	7.3	5.2	2.5
天津	11.6	5.1	12.2	8.3	12.0	5.2
石家庄	9.8	5.9	12.7	7.9	6.5	5
唐山	10.3	6.1	10.7	6.9	12.7	11.3
秦皇岛	3.2	0.7	4.1	2.7	10.1	1.6
邯郸	8.7	4.3	9.9	6.5	15.1	7.5
邢台	5.7	1.8	9.3	3.9	7.9	3.5
保定	6.9	2.1	9.7	6	9.3	1.6
张家口	5.6	0.7	8.0	1.1	14.7	1
承德	5.0	2.5	4.6	2.4	7.6	2.4
沧州	3.8	2.8	10.3	6.8	6.1	5.4
廊坊	3.8	1.4	5.7	4.2	5.1	2.7
衡水	3.7	0.7	3.1	1.8	3.4	0.8
合计	85.0	37.2	112.9	65.7	115.6	50.5

表 8-6 基于大气环境质量阶段目标的各城市污染物允许排放量   单位：万 t

2020 年需在现状年排放量基数上分别减少 29.5%、6.5%、11.5%和 9.7%；石家庄、唐山、邯郸和沧州的 PM_{10} 需分别减少 11.4%、43.4%、31.6%和 12.8%。

开展区域大气污染物减排路径分析，明确京津冀大区污染物总量控制措施（见表 8-7）。根据《大气污染防治行动计划》实施方案及现行的强化措施，京津冀地区污染物排放虽大幅减少，但直至 2035 年仍有城市 PM_{10}、SO_2、NO_x 超载。未来需进一步严格控制煤炭消费，加强散煤治理和燃煤锅炉改造，实施煤炭总量控制，区域煤炭消费总量实现负增长。强化重点行业规模控制，促进产业转型升级。加快技术工业改造，大幅提升资源环境效率水平。依据自然条件调整排污行业错峰生产，加强不利气象条件应急管控。唐山、石家庄、邯郸、沧州等城市应进一步强化工业产能淘汰和技术升级，沧州需控制新增产能；推动廊坊、秦皇岛等城市强化机动车总量控制及标准提高。

表 8-7　京津冀大气污染物总量控制措施			
		2020 年	2035 年
基础控制措施	工业	完成产能压减规划；工业达到长三角效率水平；钢铁、电力严格执行河北排放标准；城市建成区内淘汰 35 蒸 t 以下燃煤锅炉	完成产能压减规划；工业达到珠三角效率水平；钢铁、电力达最严排放标准
	生活	煤炭总量控制，清洁能源替代，京、津、冀散煤清洁化比例分别不低于 95%、80%、70%	北京彻底消灭散煤，津、冀散煤清洁化比例分别不低于 95%、90%
	机动	全面执行京六排放标准；北京机动车保有量控制在 630 万辆以内；河北省控制汽车总量，加强落后车型淘汰	执行国际先进排放标准
强化控制措施		唐山、石家庄、邯郸、沧州等城市进一步强化工业产能淘汰和技术升级，沧州控制新增产能；廊坊、秦皇岛等城市强化机动车总量控制及标准提高；调整排污行业错峰生产	

（二）改善水环境质量，控制污染物排放总量

综合考虑基础水文条件改善的渐进性和水环境质量持续改善的需求，按照分区分级的原则设定未来的水环境质量要求。到 2020 年，京津冀地区水环境重点管控区内的区县所对应的河流水质，COD 指标和氨氮指标都必须达标；水环境严格限制区内的区县所对应的河流水质，COD 指标必须达标，氨氮指标的控制浓度为现状水质和 3 mg/L 二者取低值；水环境风险防控区内的区县所对应的河流水质，COD 指标的控制浓度为现状水质和 50 mg/L 二者取低值，氨氮指标的控制浓度为现状水质和 4 mg/L 二者取低值。2035 年，京津冀地区水环境重点管控区和水环境严格限制区内的区县所对应的河流水质，COD 指标和氨氮指标都必须达标；水环境风险防控区内的区县所对应的河流水质，COD 指标必须达标，氨氮指标的控制浓度为现状水质和 2.5 mg/L 二者取低值。在此基础上，核算京津冀各流域水环境污染物允许入河量（见表 8-8）。

综合考虑节水、各行业提效等措施下，2020 年京津冀地区 COD 和氨氮仍严重超载，COD 超载 65.5%，氨氮超载 41.8%；COD、氨氮仍需进一步减少 20%和 8%以上。各流域 COD 和氨氮均需继续削减，其中子牙河流域、大清河流域、滦河流域分别需要削减 COD 7.2 万 t、6.5 万 t 和 4.8 万 t，分别需要削减氨氮 4 362.3 t、4 004.9 t、1 293.3 t，减排压力较大，需进一步加强减排力度。

流　域	COD/万 t		氨氮/t	
	2020 年	2035 年	2020 年	2035 年
北三河山区	3.94	3.94	3 315.1	2 221.7
北四河平原	6.57	6.57	5 951.9	3 956.7
大清河淀东平原	5.04	5.00	3 690.9	2 600.9
大清河淀西平原	1.98	1.61	931.0	719.1
大清河山区	2.76	2.32	1 414.4	1 064.5
黑龙港及运东平原	6.13	6.08	3 183.4	2 681.1
滦河平原及冀东诸河	3.43	3.43	3 337.2	2 239.1
滦河山区	2.88	2.88	2 008.8	1 545.4
永定河山区	1.53	1.53	921.7	652.2
漳卫河平原	0.36	0.32	213.9	192.5
漳卫河山区	0.21	0.18	122.7	110.4
子牙河平原	3.96	3.80	2 209.8	1 746.7
子牙河山区	2.70	2.54	1 558.5	1 257.3
其他流域	0.39	0.39	140.5	112.4
合计	41.88	40.59	28 999.8	21 100.0

表 8-8　京津冀各流域水污染物允许入河量

根据《水污染防治行动计划》确定的减排措施，预计京津冀地区农业污染减排 COD、氨氮可达 17.8 万 t 和 1.28 万 t；工业 COD 可减排 13.4 万 t、氨氮可减排 0.98 万 t；城镇生活 COD 可减排 17.8 万 t、氨氮可减排 3.55 万 t。通过以上综合减排措施 COD 排放量可降低 29.7%，氨氮可降低 39.8%。北四河、黑龙港仅靠基础减排措施仍难以达到允许排放量，需要进一步强化全口径减排。北四河水系着力推进再生水利用、污水源分离等措施，黑龙港水系重点推进禁/限养及休/轮耕等措施，大力削减农业面源污染。

三、严控资源利用上线

（一）严守水资源上限，保障生态环境用水

明确区域用水总量上限，严格控制地下水开采。考虑到京津冀地区水资源利用的严峻形势，必须进一步收紧用水总量上限，在配置水资源时应扣除部分可利用的水资源量用于修复地下水漏斗。2020年和2035年京津冀生活和工农业生产用水较2015年仍有小幅增长，分别为7%和23%，而地下水取水须大幅压缩，到2020年地下水取水量较2015年应减少39%。2020年、2035年生活和生产用水总量应控制在249亿 m³和286亿 m³以内，地下水用量应分别控制在100亿 m³和95亿 m³以内，确保2020年基本实现地下水采补平衡，到2035年进一步控制地下水开采量；各城市2020年、2035年生活和生产用水总量以及相应的地下水用量控制要求如表8-9所示。根据维持各水系主要河流水生生态系统中生物的基本生存和栖息条件，得出流域内主要河流生态水量及各城市需提供的河道内生态水量保障要求（见表8-10）；应保障2020年渤海入海水量不低于16.8亿 m³，远期不低于35亿 m³。

表 8-9　考虑地下水漏斗修复的生产和生活用水总量及地下水用量控制要求　单位：亿 m³

城市	生产和生活用水总量		地下水用量	
	2020 年	2035 年	2020 年	2035 年
北京	38	41	15	15
天津	30	35	1	1
石家庄	26	29	11	10
承德	9	11	3.5	3
张家口	11	14	6.5	6.5
秦皇岛	9	10	4	4
唐山	26	29	10.5	10
廊坊	10	12	5	5
保定	27	29	16	13
沧州	15	19	5	4.5
衡水	13	18	6	5
邢台	17	19	8	8
邯郸	17	18	8.5	8
合计	248	284	100	93

表 8-10　京津冀地区主要河流生态水量保障要求　单位：亿 m³

水系	河流名称	生态水量保障涉及的行政区	基本生态用水量
滦河及冀东沿海	滦河	河北	4.21
北三河	潮白河	北京、天津、河北	2.00
北三河	北运河	北京、天津	1.53
北三河	蓟运河	天津	0.95
永定河	永定河	北京、天津、河北	4.93
大清河	大清河	北京、天津、河北	4.00
子牙河	滹沱河	河北	1.00
子牙河	滏阳河	河北	0.73
漳卫南运河	南运河	天津	0.66
漳卫南运河	漳河	河北	0.32
合计			20.33

（二）保障生态资源功能，提升区域生态安全水平

维护区域生态功能，确保京津冀地区水源涵养、土壤保持、防风固沙、农产品提供等重要生态服务功能不下降，尤其是坝上高原风沙防治区、燕山山地水源涵养与水土保持区、太行山山地水源涵养及水土保持与生物多样性保护地区、环渤海生物多样性保护地区、白洋淀等重要湿地保护地区的生态服务功能有效提升。到 2020 年，基本实现地下水采补平衡，森林覆盖率达到 30% 以上，三化草原治理面积达到 50% 以上，湿地保有量达到 130 万 hm² 以上，"山水林田湖草"的生态功能得到改善，自然岸线长度达到 115.8 km，保护比例不低于 20%。到 2035 年，区域生态系统质量和功能得到进一步提升。

（三）严控能源消费总量，扩大清洁能源占比

控制区域能源消费总量，2020 年、2035 年京津冀地区能源消费总量应不高于 4.7 亿 t 标煤和 5.6 亿 t 标煤（见表 8-11）。确保京津冀地区煤炭消费总量逐年下降，保证 2020 年、2035 年煤炭消费不超过 2.2 亿 t 标煤和 2.0 亿 t 标煤，同时提升清洁能源占比。明确工业能源消费量上限，2020 年、2035 年严格控制在 2.5 亿 t 标煤以下；2020 年京、津、冀三地煤炭占能源消费比例分别小于 10%、50% 和 59%，2035 年煤炭占比 50% 以下。到 2020 年，京津冀地区散煤消费量控制在 0.11 亿 t 标煤以下，2035 年不超过 0.03 亿 t 标煤。

表 8-11　京津冀各城市能源消费总量控制要求　　　　单位：亿 t 标煤

城市	能源总量	
	2020 年	2035 年
北京	0.85	1.15
天津	0.93	1.09
石家庄	0.46	0.57
唐山	0.68	0.77
秦皇岛	0.13	0.12
邯郸	0.35	0.35
邢台	0.17	0.17
保定	0.21	0.32
张家口	0.14	0.13
承德市	0.16	0.22
沧州	0.29	0.33
廊坊市	0.20	0.28
衡水	0.08	0.09
合计	4.65	5.59

四、确立生态环境准入清单

（一）重点行业筛选和识别

2013 年河北省三次产业结构比重为 12.4∶52.1∶35.5。第二产业中，传统产业比重较大，高新技术产业与传统产业的比重约为 12∶88，轻重工业比重约为 2∶8，钢铁、化工、建材、电力等传统工业在经济结构中占主导地位。2013 年河北省能源重化工产业的产值总计 44 443 亿元，占全国总量的 11.82%，占京津冀 GDP 的 40% 以上。其中，钢铁、电力、石化和建材 4 个行业总产值为 39 323 亿元，占京津冀工业总产值的 63.2%。这种重工业比重大的经济发展模式，决定了京津冀地区经济发展对能源尤其是煤炭具有很强的依赖性。大气污染物主要来自化石燃料特别是煤炭的燃烧，这 4 个行业的 SO_2、NO_x 和 PM_{10} 排放量占京津冀工业总排放量的比重分别达到了 80.0%、86.5% 和 73.1%（见表 8-12）。

行业	产值/亿元	占工业产值比重/%	SO₂		NOₓ		PM₁₀	
			排放量/万t	工业排放占比/%	排放量/万t	工业排放占比/%	排放量/万t	工业排放占比/%
钢铁	19 194.96	21.5	60.12	38.0	34.3	21.3	95.52	47.0
电力	7 366.76	8.3	40.18	25.4	79.56	49.4	13.87	6.8
石化	9 883.76	11.1	13.29	8.4	5.86	3.6	5.63	2.8
建材	2 877.63	3.2	13.08	8.3	19.38	12.0	33.59	16.5
总计	39 323.11	44.1	126.67	80.1	139.1	86.3	148.61	73.1

表 8-12　2013 年四大工业产值及污染物排放在京津冀工业中的占比

1. 钢铁工业

京津冀是华北地区乃至全国重要的钢铁生产基地。2013 年京津冀地区的粗钢产量为 21 141 万 t，占全国粗钢产量的比重为 27.1%，占全球粗钢产量的 13.2%。河北省钢铁产能达到 2.86 亿 t，产能和产量均超过了全国总量的 1/4，是全国钢铁产能最大的省份。

钢铁工业在京津冀地区工业体系中占据重要地位，主要钢铁企业分布和粗钢产量如图 8-11 所示。2013 年，京津冀地区钢铁工业总产值达到 19 195 亿元，占到工业总产值的 21.5%，其中河北省的钢铁工业产值比重达到 31.7%，固定资产比重达到 32%。在京津冀内部，钢铁工业生产主要集中在沿海的河北省唐山、邯郸、沧州和天津等地。唐山市是京津冀钢铁工业最密集的地区，2013 年粗钢产量近 8 300 万 t，占京津冀钢铁生产总量的 33%；其次是邯郸市，钢铁产能近 4 500 万 t，占京津冀钢铁生产总量的 17.82%；沧州市的钢铁产能达到 3730 万 t，占 14.82%；天津市的钢铁产能 2 300 万 t，占 9.16%。总体来说，这 4 个城市的钢铁产能就达到了 1.88 亿 t，约占总产能的 75%。而且，唐山、承德、邯郸、张家口等市，钢铁工业在地区工业总产值中的比重较高，是地区工业的重要支撑部门。其中，唐山市、承德市和邯郸市钢铁的工业产值占工业总产值的比重分别达到 60.27%、71.30%

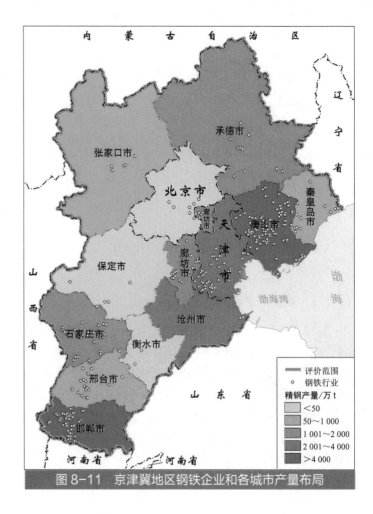

图 8-11　京津冀地区钢铁企业和各城市产量布局

和 49.82%，钢铁工业的发展走向很大程度上决定和影响了地区经济的走势。

规模庞大的钢铁工业每年消耗大量的能源，排放出大量的污染物。仅河北的钢铁工业每年综合能耗接近 1 亿 t 标煤，电耗超过 900 亿 kW·h。京津冀钢铁工业大气污染物 SO_2、NO_x 和 PM_{10} 的排放量分别为 60.1 万 t、34.3 万 t 和 95.5 万 t，分别占京津冀工业总排放量的 38.0%、21.3% 和 47.0%。从空间分布来看，京津冀钢铁工业大气污染物排放分布与钢铁产能空间分布十分一致，说明京津冀各城市钢铁工业环保工艺水平差别不大。

钢铁工业除了产能过大导致能源消耗和污染物排放量大，还与企业不履行环保手续有关。根据环保部华北督察中心于 2009 年 10 月对河北省钢铁企业设备的核查数据及河北省环保厅的复核结果，河北省完全符合环保手续的企业占 24.8%，炼铁高炉有相关环保手续的占总数的 28.21%，炼钢转炉有环保手续的占总数的 34.66%，大量的钢企未经过环评论证，环保设施的有效性无法保证。此外，钢铁工业污染治理设施及技术门类繁多，治理效果良莠不齐，导致部分企业环保设施治理水平较低，运行效果差，不能保证达标排放。

2. 火电工业

京津冀的电力工业主要以火电为主，2013 年，地区火电装机达到 5 975 万 kW，占全地区电力装机的 83.6%，电力工业产值为 7 366.8 亿元，占京津冀工业总产值的 8.3%。从火电生产布局看（见图 8-12），京津冀地区的电厂主要分布在天津、石家庄、邯郸、唐山，其发电量占地区发电总量的 50% 以上，其次是承德、张家口、北京、保定；相对而言，邢台、廊坊、衡水的电力装机和发电量较低。

火电工业是煤炭消耗的主要行业，尽管火电工业环保工艺技术较其他行业先进，但由于火电规模大，导致大气污染物排放量仍非常大。在京津冀地区，火电工业大气污染物 SO_2、NO_x 和 PM_{10} 的排放量分别为 40.2 万 t、79.6 万 t 和 13.9 万 t，分别占京津冀工业总排放的 25.4%、49.4% 和 6.8%。从空间分布来看，火电工业污染物排放量较大的城市是天津、唐山、秦皇岛、石家庄、邯郸、张家口，其次是保定、沧州等，其他城市的排放量相对较小。火电污染物排放空间分布与火电行业和发电量空间分布较为一致。

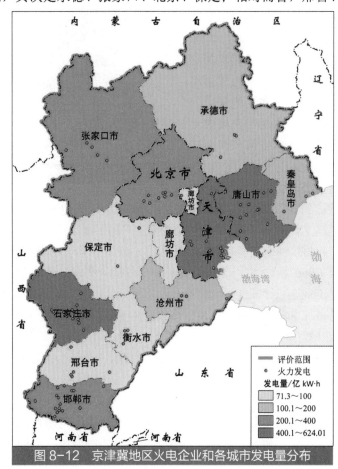

图 8-12 京津冀地区火电企业和各城市发电量分布

目前，燃煤电厂烟气排放新标准已相当严格，达到了世界先进水平。虽然目前烟气脱硫技术已经普及，但污染物排放仍在高位运行，远未得到根本控制。火电 NO_x 排放约占工业排放的 50%，因此，NO_x 排放控制仍是目前火电行业的主要减排目标。

3. 建材工业

2013 年，京津冀地区建材工业总产值达到 2 877.6 亿元，占全国建材工业总产值的 5.0%，占京津冀工业总产值的 3.2%。其中，北京和天津的建材工业总产值占京津冀的比重下降为 28.7%，河北省建材工业总产值是北京与天津总和的 2.5 倍（见图 8-13）。建材工业中，水泥及平板玻璃产量增加巨大，10 多年来翻了三到五番。其中，水泥产量从 2000 年到 2013 年翻了三番，达到 14 600.8 万 t。平板玻璃产量从 2000 年的 2 500.4 万重量箱增加到 2013 年的 13 973.5 万重量箱，翻了五番。从水泥产量空间分布可知，水泥生产集中于京津冀东部、中部和西南部地区，石家庄水泥产量最大，达到 7 250 万 t；其次是唐山，

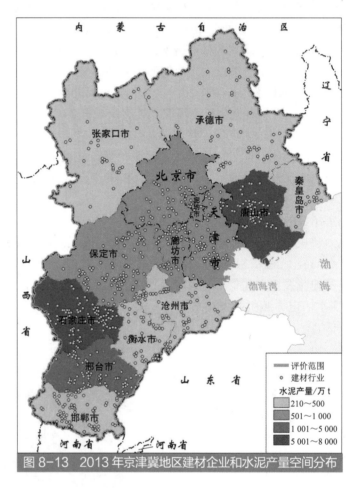

图 8-13　2013 年京津冀地区建材企业和水泥产量空间分布

产量达到 3 717 万 t；邢台超过了 1 000 万 t，其他城市均在 1 000 万 t 以下。天津、北京的产量超过 750 万 t，保定和廊坊的产量在 700 万 t 以上。

建材工业是耗能和环境污染大户。按 2012 年的水泥产量估算，京津冀地区每年需要消耗标准煤 1 066 万 t，电厂 144 亿 kW·h，石灰石 12 587 万 t，且生产水泥会排放大量的 SO_2 和 CO_2。建材工业在京津冀工业总产值的比重仅为 3.2%，但该行业大气污染物排放在京津冀工业排放中的占比非常高，其中，SO_2 排放量为 13.1 万 t，占比为 8.3%；NO_x 排放量为 19.4 万 t，占比为 12.0%；PM_{10} 排放量为 33.6 万 t，占比为 16.5%。从空间分布来看，建材工业排放主要集中于京津冀东部、中部和南部，唐山、石家庄、邢台的建材行业污染物排放量在京津冀区域中占比较大。建材工业节能减排对治理大气污染十分重要，其主要污染物排放控制有待加强。

4. 石化工业

京津冀地区是我国华北地区重要的石化生产基地，共有 14 家炼油厂，主要分布在北京、天津、沧州、唐山、石家庄、保定、秦皇岛等城市（见图 8-14）。其中，500 万 t 以上的炼油厂 4 家，1 000 万 t 以上的炼油厂 2 家，中石油与中石化各有 1 家，100 万 t 以下的地方炼油厂

6 家。2013 年，京津冀地区原油产量 3 635 万 t，原油加工量与乙烯产量分别达到 3 635.54 万 t 和 203.1 万 t，分别占全国的 17.4% 和 12.5%。在空间布局上，京津冀地区的石化产业主要集中在三大片区：一个是依托曹妃甸港口的曹妃甸片区，另一个是依托天津港、大港油田的天津片区，还有一个是华北油田和进口原油的沧州片区。

石化工业是京津冀地区的支柱工业之一，其对大气环境的影响不容忽视。2013 年，石化工业实现产值 9 883.6 亿元，占京津冀工业总产值的 11.1%；其排放大气污染物 SO_2 13.3 万 t、NO_x 5.86 万 t 和 PM_{10} 5.63 万 t，分别占京津冀工业排放量的 8.4%、3.6% 和 2.8%。此外，石化工业是 VOCs 的主要排放行业之一，VOCs 排放量占河北的 10% 左右。因此，石化工业的重点减排目标应为 SO_2 和 VOCs。

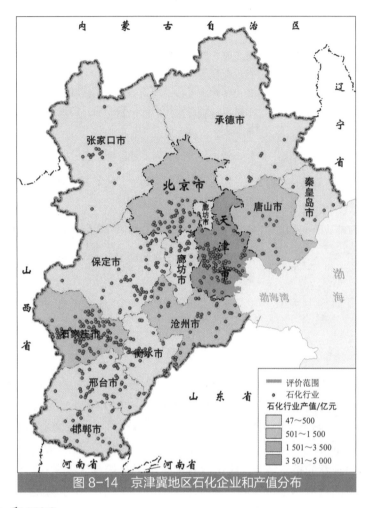

图 8-14 京津冀地区石化企业和产值分布

（二）实施基于空间单元的负面清单管理

建立区域行业负面清单管理体系。参照京津冀各省市产业禁止及限制目录以及其他相关标准，在空间管控、总量控制基础上，实施基于空间单元的负面清单制度，如表 8-13 所示。京津冀大气传输通道地区禁止新建、扩建大气污染严重的火电、钢铁、冶炼、水泥、平板玻璃、石化项目。京津冀水资源短缺最严峻的天津、衡水、邯郸地区限制高水耗行业准入，特别是水资源总量和人均资源量双低的衡水、邯郸，除等量替换外，禁止新增耗水量大的火电、钢铁、化工、造纸、纺织、有色金属等行业项目。

表 8-13 京津冀地区重点管控空间负面清单

空间名称	环境准入要求	空间范围
重要河流源头，城市河流上游汇水区	严格限制建设可能对饮用水水源带来安全隐患的化工、造纸、印染及排放有毒有害物质和重金属的工业项目	重要的水源涵养、水源保护区

空间名称	环境准入要求	空间范围
水土保持、水源涵养敏感区	禁止矿产资源开发利用项目	京津冀西北部生态涵养区、燕山一太行山丘陵地区等
水资源红线区	禁止新、改、扩建火电、钢铁、化工、造纸、纺织、有色金属等高耗水行业项目	衡水、邯郸，北四河、子牙河、黑龙港、大清河淀西平原区
大气传输通道区	禁止新建大气污染严重的火电、钢铁、冶炼、水泥项目以及燃煤锅炉产能，搬迁项目实现污染物倍量替代	石家庄、唐山、沧州、衡水、邯郸、邢台等重化工业集中地区
水环境质量超标区	禁止新增排放超标污染物工业项目	北三河、子牙河水系中下游，白洋淀入淀河流水系
大气环境质量超标区	禁止新建扩建大气污染严重的火电、钢铁、冶炼、水泥、平板玻璃、石化项目	唐山、北京、保定、石家庄、邢台、邯郸
首都功能核心区	禁止除煤电、集中供热和原料用煤企业以外的燃煤	京昆高速以东、荣乌高速以北，京津及周边地区和雄安新区控制范围
城市和人口集聚区	禁止燃煤、重油等高污染工业项目，控制一般性商贸物流产业	城市市区、重要新城，各城市规划区范围
园区风险防控区	禁止建设存在重大环境安全隐患的工业项目	滨海新区、曹妃甸新区、渤海新区及区域内重点产业园区

（三）建立严格的产业园区环境准入要求

逐步一体化京津冀地区园区准入要求。满足产业政策的新建工业项目原则上应进入产业园区；限制列入《环境保护综合名录（2017 年版）》的高污染、高环境风险产品的生产。长期不达标企业实施严格限期关停制度，新建企业应达到国内先进水平，改扩建项目清洁生产水平不得低于国家清洁生产先进水平。钢铁、石化、火电、化工等重点行业满足效率准入要求和推荐的技术清单。园区执行分区分类环境准入要求。对中部核心功能区、东部滨海发展区、南部功能拓展区、西北部生态涵养区提出不同的资源准入门槛。中部核心功能区建议执行京津环境准入标准；南部功能拓展区大气环境质量较差，严格钢铁、火电等大气污染贡献比重大的行业准入要求；西北部生态涵养区生态环境敏感，严格造纸、印染、化工等高耗水、高污染行业准入要求。

（四）制定重点行业淘汰落后和准入负面清单

根据污染排放贡献和区域资源环境现状，针对各主要污染行业提出限定规模及退出机制。针对重点行业准入技术规范细则，提高其工艺、产品、原材料、设备的准入门槛，通过准入实现源头控制。钢铁、玻璃、水泥、炼油行业现阶段着力推进淘汰落后产能、压减规模，严禁新增产能，2035年上述行业落后产能彻底退出。已超大气环境容量的唐山、邯郸、石家庄地区，通过总量控制削减重点行业的规模，限制新增产能。对产能过剩的钢铁、水泥、玻璃行业实现产能区域外转移，严格限制黑色金属冶炼、火电等高水耗项目，禁止审批以地下水为主要水源的工业项目，加快造纸行业落后产能淘汰（见表8-14）。

对京津冀各地电力、钢铁、建材、造纸、皮革等主要排污重点行业提出资源效率准入要求。按照京津冀地区存量企业以平均水平作为2020年前落后产能淘汰的标准，逐步实施重点产业落后产能淘汰，推动企业转移搬迁和技术改造提升。以京津冀地区重点行业前10%资源消耗、污染物排放水平作为当前的技术标杆，新增企业以行业技术标杆的先进水平作为准入要求。北京、天津和廊坊、保定、张家口等重点城市，钢铁、火电、建材行业近期以先进水平作为整改技术要求，一律不得新增项目建设。

表 8-14　京津冀地区重点行业落后产能淘汰和环境准入负面清单一览表

行业	子行业	2020 年落后产能淘汰标准	环境准入负面清单	管控重点市
火电 44	煤电 4411	产品效率：SO_2 排放强度 2 kg/（10^4 km·h）、NO_x 排放强度 3 kg/（10^4 km·h）、用水强度 132 t/（10^4 km·h）、煤耗 0.8 t/（10^4 km·h）；万元产值效率：SO_2 排放强度 33 kg/万元、NO_x 排放强度 50 kg/万元、用水强度 2 170 t/万元、煤耗 13 t/万元进行技术整改	单位产品效率高于 SO_2 排放强度 0.8 kg/（10^4 km·h）、NO_x 排放强度 2 kg/（10^4 km·h）、用水强度 10 t/（10^4 km·h）、煤耗 0.5 t/（10^4 km·h）的项目；万元产值效率高于 SO_2 排放强度 19 kg/万元、NO_x 排放强度 21 kg/万元、用水强度 17 t/万元、煤耗 9 t/万元的项目	技改重点：承德、邢台、唐山、保定；禁止新增产能：北京、天津、保定、廊坊；准入重点：唐山、沧州、秦皇岛
钢铁 31	炼铁 3110	万元产值：SO_2 排放强度 12.3 kg/万元、NO_x 排放强度 4 kg/万元、用水强度 85 t/万元、煤耗 900 t/万元；单位产品：SO_2 排放强度 1.4 kg/t、NO_x 排放强度 0.5 kg/t、用水强度 10 t/t、煤耗 105 t/t	万元产值：SO_2 排放强度 6 kg/万元、NO_x 排放强度 1.5 kg/万元、用水强度 10 t/万元、煤耗 500 t/万元；单位产品：SO_2 排放强度 1.8 kg/t、NO_x 排放强度 0.2 kg/t、用水强度 0.4 t/t、煤耗 32 t/t	技改重点：石家庄、张家口、承德、邢台、保定；张家口、保定、廊坊现有产能转移，同时禁止新增产能；秦皇岛产能压减 50%；准入重点：唐山、沧州、秦皇岛
	炼钢 3120	SO_2 排放强度 29.2 kg/万元、NO_x 排放强度 17.4 kg/万元	SO_2 排放强度 4.3 kg/万元、NO_x 排放强度 4.3 kg/万元	技改重点：保定、邢台、唐山；保定、邢台禁止新增产能；准入重点：唐山、沧州、秦皇岛
	铸造 3130	SO_2 排放强度 4.8 kg/万元、NO_x 排放强度 2.0 kg/万元	SO_2 排放强度 1.8 kg/万元、NO_x 排放强度 1.0 kg/万元	技改重点：承德、邢台、唐山；承德、邢台禁止新增产能；准入重点：唐山、沧州、秦皇岛
	压延 3140	SO_2 排放强度 3.4 kg/万元、NO_x 排放强度 2.3 kg/万元	SO_2 排放强度 0.5 kg/万元、NO_x 排放强度 0.4 kg/万元	技改重点：承德、张家口、邯郸、秦皇岛，同时禁止新增产能；准入重点：唐山、沧州、秦皇岛
建材 30	水泥 3011	SO_2 排放强度 3.77 kg/万元、NO_x 排放强度 35.28 kg/万元、用水强度 92.69 t/万元、煤耗 3 247 kg/万元、用电强度 2 848 kW/万元	SO_2 排放强度 3.77 kg/万元、NO_x 排放强度 35.28 kg/万元、用水强度 92.69 t/万元、煤耗 3 247 kg/万元、用电强度 2 848 kW/万元	技改重点：承德、邯郸、秦皇岛、石家庄、张家口；禁止新增产能：北京、天津、沧州、秦皇岛、廊坊产能逐步转移，2030 年全部退出
	平板玻璃 3041	SO_2 排放强度 18.4 kg/万元、NO_x 排放强度 67 kg/万元	SO_2 排放强度 4 kg/万元、NO_x 排放强度 30 kg/万元	技改重点：沧州、石家庄、邢台；廊坊、石家庄产能逐步转移，2030 年全部退出；同时禁止新增产能
皮革 19	皮革鞣制加工 1910	SO_2 排放强度 1.74 kg/万元、NO_x 排放强度 0.32 kg/万元	SO_2 排放强度 0.5 kg/万元、NO_x 排放强度 0.1 kg/万元	技改重点：张家口、廊坊、石家庄、唐山

行业	子行业	2020 年落后产能淘汰标准	环境准入负面清单	管控重点市
造纸 22	全行业	COD 排放强度 17 kg/万元、氨氮排放强度 0.8 kg/万元	COD 排放强度 9 kg/万元、氨氮排放强度 0.2 kg/万元	技改重点：张家口、廊坊、秦皇岛、邢台、辛集、衡水；禁止新增产能：衡水、沧州、邯郸
	机制纸板 2221	COD 排放强度 16 kg/万元、氨氮排放强度 0.7 kg/万元	COD 排放强度 5 kg/万元、氨氮排放强度 0.2 kg/万元	技改重点：邯郸、秦皇岛、邢台、辛集、衡水；禁止新增产能：衡水、沧州、邯郸
石油化工 25	—	COD 排放强度 0.25 kg/万元、氨氮排放强度 0.03 kg/万元、SO_2 排放强度 1.2 kg/万元、NO_x 排放强度 1.4 kg/万元	COD 排放强度 0.03 kg/万元、氨氮排放强度 0.01 kg/万元、SO_2 排放强度 0.4 kg/万元、NO_x 排放强度 0.5 kg/万元	技改重点：污水：廊坊、石家庄、邯郸；大气污染物：廊坊、张家口、邢台、保定、邯郸、石家庄
化学原料制造 26	—	COD 排放强度 1.5 kg/万元、氨氮排放强度 0.36 kg/万元	COD 排放强度 0.3 kg/万元、氨氮排放强度 0.02 kg/万元	技改重点：张家口、承德、衡水

第九章

区域绿色转型发展和环境保护对策建议

第一节　明确基于空间单元的区域发展定位和调控要求

一、明确不同空间单元的区域发展定位和指引

根据区域主体功能区划分、生态功能区划分成果，结合京津冀地区综合控制单元划分结果，生态、水环境、大气环境及人居环境安全管控要求等，明确基于空间管控要求的区域发展指引（见图9-1）。张承地区和石家庄、保定西部作为区域生态保护与水源涵养重要功能区，应禁止有损主导生态系统服务功能的产业，提高环境准入要求条件。京津中心城区和北京城市副中心、雄安新区，以及京津、京石、京唐一线地级以上城市规划区范围作为区域人居环境安全保障区，应限期搬迁或关停重污染企业，严禁新增；加强园区改造提升，控制燃煤和机动车。黑龙港、子牙河平原流域及沿海湿地作为区域水环

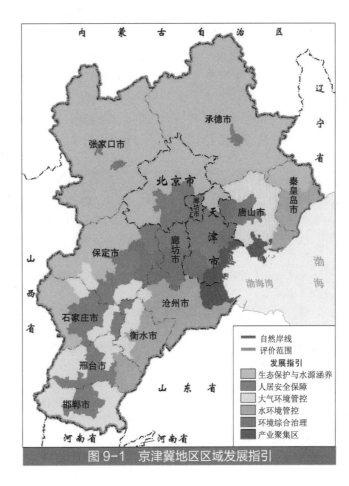

图 9-1　京津冀地区区域发展指引

境管控区，包括沧州、衡水大部，邢台东部，应严格控制地下水开采；落实休耕轮作制度，控制养殖规模；严格控制涉水企业准入。中部核心功能区、冀中南平原区作为区域大气环境管控区，应严禁新增大气污染排放；推进钢铁、建材、石化、电力等行业产能压减；优化能源重化工企业布局。环首都京津廊保地区作为区域环境综合治理区，应综合治理大气、水环境，落实禁煤、禁养、禁运、休耕等措施。滨海新区、渤海新区、曹妃甸作为区域未来产业集聚区，须切实做到产业入园，严格准入，严控大气环境风险。

二、加强重点区域和城市的差别化发展调控要求

提升区域产业竞争力，促进京津冀地区产业与生态环境协调发展。中部核心功能区是产业结构和城市功能调整的核心区，区域内实施最严格环境准入制度和产业负面清单，差别化水电气价格、最严格污染排放浓度和总量控制，倒逼污染企业退出；严控城市空间边界、人口总量和建筑规模，以中关村创新合作园、滨海新区为主体优化提升保定、廊坊园区，加强雄安新区及周边县市区的规划统筹和生态环境管控，统筹北京城市副中心与廊坊北三县的空间规划。东部滨海发展区，在满足区域环境质量改善目标要求的前提下，推动钢铁、石化、重型装备制造适度向曹妃甸、渤海新区转移集聚。统筹唐山、滨海新区、沧州产业发展，建设优势互补、错位发展的三大产业基地；促进产业集聚发展，统筹临港工业园合理布局问题和港口竞争关系。南部功能拓展区产业以提质增效为重点，积极化解过剩产能和落后产能，优化结构和效率；实施重点地区重点行业污染排放控制，控制钢铁、建材、火电规模，提高污染排放浓度限制，促进产业技术升级和结构调整；调整优化企业布局，部分企业从城区退出转移，推进园区归并管理。西北部生态涵养区产业发展以保护和维护地区生态功能为前提，优先支持地区先进装备制造、新材料、绿色食品加工、生态旅游、大数据等产业发展，建设点状产业发展与承接平台；严禁高污染、高能耗、高排放产业发展。在此基础上，明确京津冀地区各城市发展调控路径与措施，如表9-1所示。

表9-1 京津冀地区各城市发展调控路径与措施

城市	调控措施
北京	优先发展生产服务业，积极发展知识、技术密集型产业，培育文化创意产业。 通州：完善城市服务功能，发展国际商务、总部经济、文化创意和科技服务，打造北京城市副中心和国际商务新中心
天津	重点发展先进高端装备制造、有序调整转移化解一般制造，大力发展战略新型产业，发展金融性生产服务业。 滨海：建设现代制造和研发转化基地，重点发展电子信息、石油和海洋化工、汽车和装备制造等产业，优化产业布局
廊坊	京津科技成果孵化转化产业，电子信息、装备制造、生物医药、新材料和节能环保产业；高技术服务基地
保定	北京非首都功能疏解和京南科技成果转化，汽车零部件、新能源和能源装备、航空装备和数控机床；高标准规划建设雄安新区，新区范围内严禁生产性项目，加强新区周边控制区及白洋淀流域产业发展管控
石家庄	加快传统产业改造和过剩产能化解；推动石钢、双联企业搬迁改造；发展信息技术、生物医药、高端装备等产业，加快科技成果转化；承接商贸物流产业

城市	调控措施
张家口	新能源、新能源装备、新能源储备的可再生能源链；绿色云计算；健康医疗教育体育等休闲产业
承德	休闲旅游、钒钛新材料、大数据、会议会展；绿色农产品加工、新能源；矿山和钢铁工业循环化改造
秦皇岛	非紧密行政服务功能与高端旅游；汽车零部件、轨道交通、专用设备、船舶海洋工程；北戴河电子信息产业基地；玻璃行业转型升级
唐山	落实产业调控和化解过剩产能方案，控制粗钢产能；推进曹妃甸石化基地建设；延伸建材行业链条；企业布局优化调整
沧州	重点承接石化、钢铁产业转移，发展装备制造、汽车、生物医药、新能源；临港开发区循环化改造
衡水	建设丝网、裘皮服装、食品饮品、农副产品等特色物流园区和基地；重点行业节能技术改造，以食品和生物制品进行循环试点；节水农业管理
邢台	钢铁、煤化工、建材、电力行业调整改造；煤盐化工园区循环化基地化改造；建材行业整治；涉水企业入园
邯郸	精品钢材基地，钢铁产能4 000万t，退城进区和搬迁改造；重点发展成套整机装备，专用设备生产；慎重发展煤化工产业、推进化工园区第三方治理

第二节 推动工业绿色转型发展和精细化管控

一、构建绿色循环低碳产业体系，实现装备制造业提升

充分利用科技和创新优势对传统产业的改造提升能力，积极促进京津科技优势对天津、河北传统制造业的改造提升，形成产业协作体系。加大工艺设备的技术改造力度，2020 年，主要工艺能效水耗达到区域平均水平，80%的国家级园区和 50%的省级园区实现循环化改造；2030 年，主要工艺能效、水耗达到国际先进水平（标杆企业水平），所有国家级园区和 80%的省级园区实现循环化改造。积极推动工业化与信息化融合，实现装备制造业的高端化、智能化、链式化和服务化，统筹京津与河北地区错位发展、合理分工，实现装备制造业优化布局。

二、以环境约束促进能源基础原材料产业规模控制和布局优化

加强重点产业规模控制与调整，明确钢铁冶金、石化、电力、建材调控路径与措施（见表9-2），推动重污染企业转移搬迁及搬迁后修复工作。进一步压减河北省焦化、化工和造纸等重污染行业规模，2025年前推动燕山石化、石钢、邢钢、邯钢等特大企业部分搬迁转移，优先转移资源环境负荷较重的技术工艺。石化、化工企业向沿海曹妃甸、滨海新区和渤海新区转移，其中滨海新区应适度控制炼油能力，石化产业控制在现有规模水平；沧州石化控制在现有产能2 800万 t 基础上，除承接河北省其他城市石化产能转移外，不能再新建石化项目。2020年，河北煤炭、钢铁、石化、电力、建材等能源基础原材料产业比重降低到41%，装备制造业比重提高到20%以上；2030年，装备制造业比重提高到近30%，唐山和沧州的能源基础原材料产业产值要占到河北省总量的50%。曹妃甸除首钢京唐钢铁二期等现有项目外，不再新增

钢铁项目；乐亭经济开发区、京唐港开发区等地区钢铁项目转移逐步向丰南沿海工业区集中，其他省内转移钢铁项目也优先集中在丰南沿海工业区。推动企业进区入园，钢铁、化工、电力、医药等企业迁出城区。配合国家第一次土壤污染调查，全面查清河北廊坊、天津静海等地工业渗坑对土壤、地下水的污染情况，优先开展人口密集、国家战略指向区的彻查工作。针对化工企业退城进园、向区域外转移搬迁后遗留的棕地，尽快开展清查、评价、修复工作，重污染企业搬迁后遗留的污染场地，未完成土壤修复前，禁止将土地利用性质由工业向居住、文教、公共等转变，新增、搬迁企业需要将土壤修复作为企业搬迁的前置条件。

加快落后产能淘汰，促进工业绿色转型升级。取缔"十小"企业，全面排查装备水平低、环保设施差的小型工业企业。重点加强对沧州黄骅市橡胶、片碱厂和衡水故城县家纺织厂等环保不达标、证照不全、违规经营、安全隐患严重的一般制造和低端服务业管理。2017 年年底前完成京津冀城市规划区内"小、散、乱、污"企业关停清理，其他区内该类企业在 2018 年年底前全部通过关停并转完成清理整治。加强辛集、白沟、霸州、沙河、遵化等中小城市皮革、印染、电镀和化工等工业企业技术改造和转型升级，提高新增项目环境准入控制，提高水资源利用和水环境污染排放效率门槛。

表 9-2　京津冀地区重点行业调控路径与措施

行业	调控措施
钢铁冶金	加强价格和排放控制，削减粗钢生铁产能，北京淘汰钢铁产能，天津进一步控制钢铁产能、河北控制钢铁产能在 1.96 亿 t 以内； 推动钢铁产能向曹妃甸、渤海新区转移集聚，唐山、邯郸城区钢铁企业搬迁； 积极开展国际产能合作，推动优势产能"走出去"
石油化工	建设集约、高端的曹妃甸、天津石化和渤海三大石化基地，产能控制在 7 100 万 t 以内； 促进精细化、高端化发展，提升邯郸、邢台和衡水煤化、盐化生产水平和循环园区建设
建材	京津淘汰产能，河北削减到 2 亿 t； 2020 年，全部淘汰平拉工艺平板玻璃生产线（含格法）； 重点削减石家庄太行山前地区、邯郸和邢台输风通道沿线水泥产能； 延伸产业链，鼓励发展新型水泥、玻璃深加工、新型建材
电力	不再建设新燃煤电厂，市区燃煤替代，热电联产"以大代小"，集中供热； 积极发展风能、光伏、地热、生物质能等清洁能源； 加强燃煤管理，划定禁止燃煤区

三、深化大气环境重点管控区（通道城市）的产业精细化管控

在达到环境质量改善（达标）目标前，大气重点管控区严格限制新增污染排放项目。以京津、京石、京唐三大人居环境安全保障区为核心，向外扩展到区域大气环境重点管控区（见图9-2），从规模压减、结构调整、布局优化等方面入手，同时辅以错峰生产、重污染案天气停产等手段实现大气污染深化治理。到2020年，区域钢铁、火电、建材等重化工行业产能分别较2014年压减25%～55%。进一步优化产业布局，逐步调整和转移位于区域重要污染输送通道的邯郸—石家庄—北京—唐山一线能源重化工行业，石化、化工企业向沿海和区域外转移升

级。位于污染输送通道城市排污行业冬季限时减产50%以上，在重污染天气时科学地实施重污染行业停产计划。

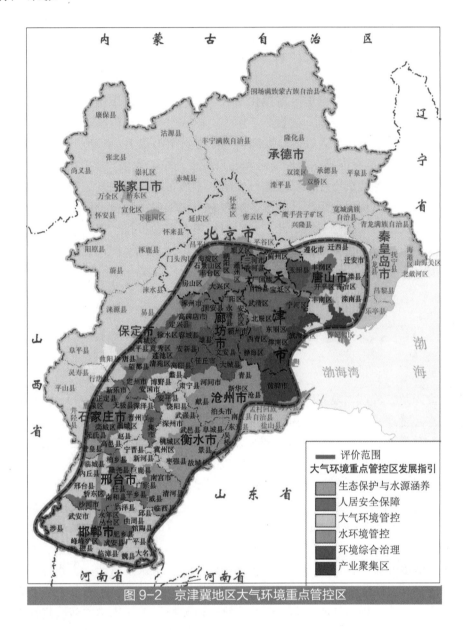

图 9-2 京津冀地区大气环境重点管控区

第三节 实施差异化的新型城镇化发展模式

优化区域城镇化发展格局，避免单中心发展模式，合理促进河北中小城镇发展，引导京津冀地区城镇化差异发展模式。中部核心功能区重点建设世界城市群，高标准建设雄安新区和北京城市副中心，进一步疏解北京人口，北京市规模严格控制在2 300万人；退出京津走廊主导风向上的污染项目，加强各类产业园区的统一管控，高标准推动北京市周边地区中小城镇发展。东部滨海发展区注重产业和人口集聚，加强园区管控力度，特别是石化、钢铁等能源重化工园区，强化园区生态防护和隔离建设。南部功能拓展区以建立冀中南城市群为核心，促进中小城镇发展，严格控制工业用地扩张，建设产城融合的新型城镇化示范区。西北部生态涵养区主要关注生态保护，合理控制人口和建设用地增长，严禁城市规划区外的开发建设活动，除必要基础设施配套项目外，应逐步退出现有工业污染项目。

以水定城，适度控制环首都地区城镇化发展规模。适当控制廊坊北三县、固安、永清和保定涿州、高碑店等地发展规模，建设分工协作、职住平衡、特色显著的中小城市，每个城市的总人口规模控制在 100 万人以内，城镇化率提高到 70% 以上，2020 年城镇人口总规模控制在 1 000 万人以内。高标准推动雄安新区和北京城市副中心建设，适度控制环北京地区城镇化发展规模。合理统筹北京市中心城区与雄安新区、城市副中心的规划建设，加快疏解非首都功能和中心城区人口规模；用国际标准、高点定位将雄安新区建设成为世界城市群的新标杆，严格控制北京城市副中心——廊坊北三县人口规模和用地扩张，避免蔓延式用地扩张；结合环首都国家公园建设，加强潮白河、北运河廊道生态修复与保护，优化环首都地区的城市生态空间格局。

第四节　强化农业规模结构调整和布局优化

划定畜禽养殖禁养区、限养区，加强畜禽养殖的空间管控（见图 9-3）。将重要水源涵养区和水资源水环境严重超载地区划为禁养区，包括划定滦河承德控制单元、永定河、北三河水系京津控制单元及白洋淀周边地区（雄安新区规划控制范围），严禁新增规模化畜禽养殖场，现有养殖场限期进行污水和畜禽粪便处理设施改造，实现污水、粪便零排放。限养区包括大清河、子牙新河廊坊控制单元、陡河唐山控制单元等，严格限制畜禽养殖规模，加强对养殖场污水、粪便处置，严禁在河流两侧、水库周边和城市规划区内建设规模化畜禽养殖场。根据测算，禁养限养可削减 COD 15.3 万 t、氨氮 0.8 万 t，分别占区域农业排放总量的 17% 和 19%。

调整种植业生产方式，逐步推广休耕轮作制度。在地下水严重超采、水环境严重超标的黑龙港、子牙河、大清河水系平原农业地区，试点休耕轮作制度（见图 9-3）。将衡水东部、沧州西部的滏阳河、江江河衡水控制单元和北排河沧州控制单元和雄安新区规划控制范围划为休耕区，建议区域内每年休耕面积比例不低于 20%。轮作区包括衡水、沧州、廊坊及保定市白洋淀水系平原区，远期推广到京津冀全域，从两年三熟转变为一年一熟的耕作制度，限制高耗水的水稻、蔬菜等种植面积。根据测算，通过休耕轮作措施将削减 COD 12 万 t、氨氮 0.4 万 t，分别占区域农业排放总量的 13% 和 8%。

控制农业面源污染，保障耕地质量安全。改进农业施肥方式，调整优化用肥结构，鼓励增施有机肥和高效缓释肥，提高机械化施肥覆盖率，推进水肥一体化、测土配方等技术。推动农业秸秆综合利用，建立有效的监管机制，通过秸秆气化、饲料化、无害化造纸和其他综合利用措施，逐步提高秸秆综合利用率。加强对耕地质量检测力度，建立长期监控点。

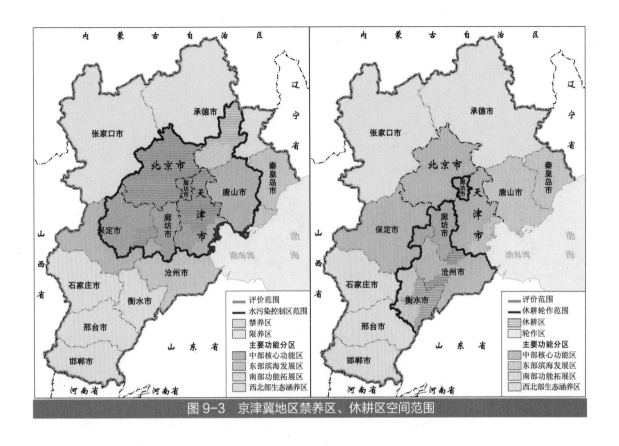

图9-3 京津冀地区禁养区、休耕区空间范围

第五节 加强船舶和区域交通源综合管控

降低机动车使用强度，加严车船排放标准。京津冀区域内逐步全面执行京六排放标准，加强对机动车保有量的控制，北京机动车保有量控制在630万辆以内，河北省控制汽车总量，廊坊、秦皇岛等城市强化机动车总量控制并尽快提高排放标准，重点加强落后车型淘汰，未来进一步向国际先进排放标准看齐，加强对新能源汽车的推广。加强对港口停靠船舶污染排放的管控力度，重点管控天津、唐山、黄骅海域的污染排放大及增速快的地区，提高港口船舶靠港岸电使用比例，全面推进船用低硫油使用。

加强交通货运管控，划定货运禁行区、限行区。大力发展轨道交通，逐步由铁路运输替代公路运输；严格主干道运输和港口集疏运车辆油品要求。划定货运管控区（见图9-4），将北京六环、天津外环内、雄安新区划为禁运区，全天禁止除生活必需品以外的所有载重汽车、大客车（新能源车除外）驶入。货运限行区范围包括京昆以东、荣乌以北、津汕以西的区域及雄安新区周围区县，实施6：00—24：00分时段限行和空气质量预警状态的应急限行措施，加强对来自内蒙古、山西、辽宁等地的原材料运输货车的管控和疏导。通过区域货运交通的禁运、限行措施，使京津廊保地区交通 NO_x 减排量控制在总排放量的8%，对于改善京津地区特别是交通干线两侧的空气质量具有显著作用。

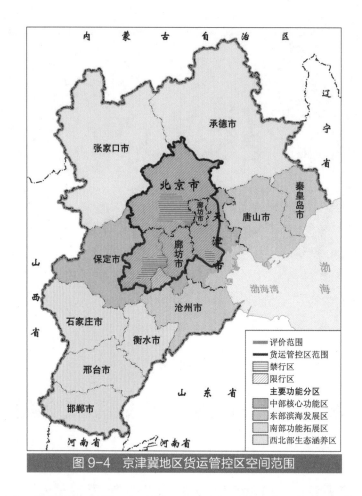

图 9-4　京津冀地区货运管控区空间范围

　　优化港口布局、控制港口规模，加强港口、海域环境风险防范与控制。津冀沿海已经形成相对密集的港口群、船舶量大，岸线利用率存在较大的差异；黄骅港规划岸线利用率是秦皇岛港两倍以上，岸线利用效率有进一步提升的空间。合理控制港口发展规模，包括控制港口吞吐量及港口空间范围的过度扩张。渤海湾内自然保护区、风景旅游区、水产种质资源保护区等环境敏感目标也主要集中在近岸海域，船舶污染事故高风险区与环境敏感目标在空间上出现叠加。在规划和建设港口岸线时应充分考虑生态环境保护需要，避让自然保护区等法定保护区域；运输危化品等货物的港区应尽可能分布在远离环境敏感目标的岸线上，加强风险防控准备和应急体制建设。

第六节　强化控煤为重点的能源清洁化战略

　　调整能源结构，实现煤炭消费总量负增长。以发展低碳城市为目标，努力调整和优化能源结构，逐步降低煤炭消费占比，提高清洁能源占比。力争 2020 年北京、天津、河北煤炭消费占比控制在 10%、50%、62% 以下，总量控制在 3.2 亿 t 以内；2030 年，北京彻底消灭散煤，天津、河北散煤清洁化分别达到 95%、90%。在中部核心功能区域划定"无煤区"

"控煤区"控制燃料用煤，在城镇及周边农村地区推进煤改电工程，因地制宜选择煤改气、煤改电、地源热泵、太阳能热泵等方式，实施设备购置补贴、采暖季用电补贴等措施；逐步实现自备电厂全部实现超低排放。

划定无煤区和控煤区，力保中部核心功能区空气质量改善（见图9-5）。北京城全市平原地区、天津城六区、廊坊中心城区、保定中心城区和雄安新区划为无煤区，实现所有燃煤锅炉的燃气替代，2020年前消灭所有散煤；北京市至2030年基本实现全市无散煤。控煤区范围包括京昆高速以东、荣乌高速以北（含雄安新区控制区范围），天津、保定、廊坊与北京接壤的区县之间区域，除煤电、集中供热和原料用煤企业以外，燃料用煤基

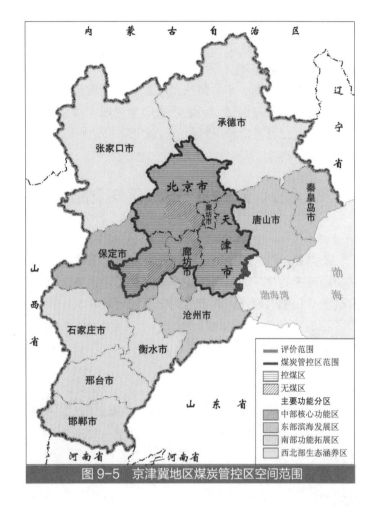

图9-5　京津冀地区煤炭管控区空间范围

本逐步清零。其余地区为清洁发展区，应大力发展天然气等清洁能源，按照煤炭消费总量控制要求逐步削减煤炭消费量。根据估算，通过无煤区、控煤区的管控措施，将可分别削减煤炭1 361万t和969万t，对煤炭减量贡献率为29%，对于区域环境空气质量的改善具有重要意义。

第七节　探索区域节水优先的用水治水新模式

节水优先，强化污水、雨水资源化利用。严格控制区域用水总量，确保用水总量不增长，提高生态环境用水比例，工业和农业用水显著下降。加强用水强度控制，提高工农业用水效率，2030年河北万元工业增加值用水量下降至8 m³/万元，达到国内先进水平（天津现状），区域农业用水压减总量20亿m³以上。加强非常规水资源利用，京津推广再生水用于工业及市政浇洒，地级以上城市新建住宅及公共建筑配套中水设施，污水厂配建中水回用设置，南部地下水严重超载城市（衡水、沧州等）推广再生水回用于农业灌溉；继续开展雨水资源化利用，2020年建成区20%面积达到海绵城市建设标准，雨水资源化利用率不低于10%；沿海

城市（天津等）继续推进海水淡化。

开展重要清水通道保护，推广全流域氮磷总量控制。重点保障南水北调中线、引滦入津（潘大水库—黎河—于桥水库—州河）、引黄入津（南运河）和引黄入冀（东风渠—老漳河—滏东排河—衡水湖—小白河—白洋淀）工程清水通道的水环境安全，实现长江、黄河两水源多通道的外调水补水格局。逐步推广全流域氮磷总量控制，京津实现污水厂提标改造，河北农业发展实行畜禽禁养、限养及种植业休耕轮作制度，实现氮磷总量削减。

第八节　推行重点区域和领域氮素全过程综合调控

重点控制农村面源污染，建设高标准生态农业。推广测土配方施肥技术，在提高作物产量的同时提高化肥利用率，减少化肥施用量调整优化用肥结构，科学控制化肥施用量，促进有机肥对化肥的替代，逐步达到化肥施用零增长、负增长。推动农业休耕轮作政策，按照休耕区范围内每年休耕面积不低于 20%执行，可削减 30 余万 t 活性氮排放，约占区域种植业排放量的 7.8%；禁养区划定可减少约 13 万 t 活性氮，约占区域养殖业排放的 16.1%。

推动流域总氮排放总量控制。在白洋淀流域、北四河流域试点源分离技术（见图 9-6），降低污水厂处理负荷，推动人畜排泄物资源化再利用。尤其要加强农村地区生活废物处理处置基础设施建设。

强化工业、机动车污染减排。加快实现京津冀机动车燃油标准统一，推广电动汽车和新能源汽车，新增出租车逐步实现电动车替换工作。强化工业锅炉脱硝技术，推动工业 NO_x 和 VOCs 的协同减排。

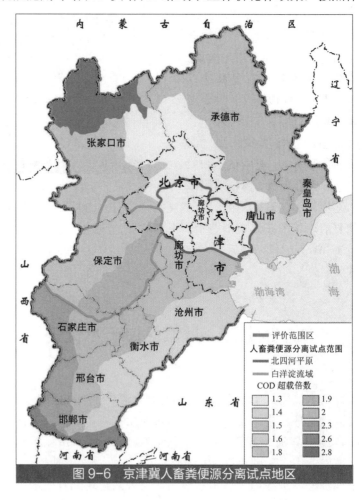

图 9-6　京津冀人畜粪便源分离试点地区

第九节　系统排查和加大治理各类污染风险源

一、系统排查、分区分类强化污染风险源管控

建立风险源台账和治理计划表。尽快针对危险化学品储运生产，各类石化、化工企业和园区，纳污坑塘、污水渗坑、污水库，危险废物、垃圾填埋场和污染场地、污灌区等过程与区域，开展风险源普查工作，建立管理台账。针对当前已有的高风险污染地区，制订治理计划表并严格执行。

分区分类强化重大风险源防控。京津廊保地区逐步全面治理和清退各类污染源，沿海地区重点强化石化企业管控以及空间隔离，冀中南地区着重治理"小散乱"、污染场地和危险废物管控，张承地区集中治理污染场地和危化品风险防控。

二、大力推进区域土壤风险管控与治理修复

积极开展土壤风险管控的基础工作。以农用地和重点行业企业用地为重点，开展土壤污染状况详查。查明农用地土壤污染的面积、分布、污染程度及其环境风险，掌握重点行业企业用地中的污染地块分布、企业生产运行情况及其环境风险。重点查清河北廊坊、天津静海、雄安新区等地工业渗坑的污染情况及环境风险。优先开展京津廊保等人口密集区和国家战略指向区的土壤风险地图编制工作。

推动工业棕地治理修复进程。对于重污染企业搬迁后遗留的污染场地，在完成土壤修复前，禁止将土地利用性质由工业向居住、文教、公共等转变，新搬迁企业需要将土壤修复作为企业搬迁的前置条件。

第十节　加强重点地区协同发展与一体化管控

一、加快雄安新区及白洋淀流域生态环境治理

（一）明确新区环境质量目标底线

随着雄安新区战略地位的提升，为了坚持世界眼光、国际标准、中国特色、高点定位，打造世界级城市群的中国样本，满足生态优先、绿色发展的要求，必须严格设定新区的环境质量目标，与北京市中心城区保持一致，周边廊坊、保定市区、任丘等地也需协同管理。2020

年雄安新区 $PM_{2.5}$ 年平均浓度控制在 55 $\mu g/m^3$ 左右，白洋淀水质功能区不低于Ⅳ类水质；2030年实现雄安新区 $PM_{2.5}$ 年均浓度达标，白洋淀全淀稳定达到Ⅲ类水质。

（二）生态保护与空间红线管控

雄安新区所在区域生态功能非常重要，是京津保中心区生态过渡带的核心地区，区域内的白洋淀是京津冀地区重要的生态功能区，未来应作为环首都国家公园体系的重要组成。未来新区建设必须严守生态保护红线，严格保护白洋淀湿地省级保护区、白洋淀国家及水产种质资源保护区、白洋淀风景名胜区、白洋淀生物多样性保护功能区和大清河滨岸带。在保护区外设置缓冲带，建设 1～2 km 的林草防护带；在白洋淀区及最高水位线 1 km 范围内实施退耕还湿；严格禁止红线区内湖岸带人工化。

加强人居环境安全红线管控。雄安新区周边 3 km 范围内禁止生产和大规模储存及使用有毒有害化学品；新区 100%可再生能源利用，彻底取缔散煤燃烧和燃煤锅炉；新区外 5 km 范围内禁止新建燃煤设施，周边 1～3 km 范围内现有燃煤设施及涉化、涉重污染企业在 2020 年之前全部改造升级或关转，确保新区人居环境安全。

（三）资源利用和污染物总量管控

控制污染排放，优化能源结构，保障大气环境质量。以 $PM_{2.5}$ 年均浓度达标为约束，严格控制大气污染物排放，雄安新区大气污染排放量严格低于环境容量。在雄安新区实施禁煤、禁运等最严格的能源和交通管理措施：推动雄安新区起步区 100%使用可再生能源（地热、生物质能、太阳能），2 000 km^2 控制范围内实现无煤化，加强农业秸秆和芦苇资源化利用，在雄安新区周边配套相关的生物质肥料和发电产业；大力发展轨道交通和公共交通体系，研究制定机动车总量控制策略。

严格控制污染物排放，保护水环境质量。为确保白洋淀水质达到功能区目标Ⅲ类要求，应提高白洋淀流域的污水处理标准，逐步与京津地方标准接轨；加强农村生活污水处理，因地制宜地推广污水处理站和生态湿地等工程措施。加强整个白洋淀流域水污染的系统控制，淀区范围内禁止任何形式的污水直排；所有入淀河流在 2020 年之前实现水环境功能区达标。雄安新区 2 000 km^2 控制范围内禁止规模化畜禽养殖。

控制用水总量，科学保护水资源。完善区域统筹的多水源供给系统，建议将王快水库定位为雄安新区备用水源地；确保南水北调工程对雄安新区的市政供水配额，主要河流严格落实生态流量控制要求，明确白洋淀生态补水的常态化机制（引黄入冀补淀工程的 1.1 亿 m^3，上游水库补水量及相关要求）；加强地下水资源保护，雄安新区总体控制范围内禁止以地下水灌溉的农业耕作。

提高资源能源效率，建设绿色低碳城镇。雄安新区建设必须符合海绵城市标准，确保雨水资源化利用率达到 10%以上，中水回用率达到 50%以上，所有新建公共建筑和住宅小区配建中水、雨水回用设施。所有新建公共建筑和住宅小区必须满足节能二星以上标准。在雄安新区实施生活垃圾分类收集，确保垃圾资源化利用率达到 60%以上，雄安新区总体控制范围内实现原生垃圾零填埋。

（四）严格执行生态环境准入清单

雄安新区起步区范围内禁止新增生产型项目，现有工业企业 2020 年前全部搬迁淘汰；2 000 km² 控制范围内禁止新增污染排放工业项目，禁止燃煤锅炉，禁止规模化畜禽养殖。白洋淀及周边地区禁止新增以煤为燃料的工业项目，禁止新增水污染排放工业项目；以地下水源为主的农耕区实施休耕轮作。区内的华北油田 2020 前停止开采、任丘石化 2030 年前搬迁转移至渤海新区。白洋淀流域禁止新增纺织、石化、制革、电镀等水污染项目；现有涉水工业企业按照排污效率水平到 2017 年年底前淘汰后 20%，2020 年前淘汰后 50%。

二、强化北京城市副中心及周边地区一体化管控

在副中心规划建设中严格落实京津冀协同发展要求，以更高的标准和要求统筹副中心的生态环境质量目标。副中心的环境空气质量目标应与中心城区保持一致，2020 年消除区域内所有劣 V 类监测断面和城市黑臭水体，远期实现地表水 IV 类标准要求。通过对燃煤、畜禽养殖、运输和工农业生产等强化管控手段，改善区域环境质量。

明确重要生态廊道保护和建设用地边界管控要求，构建区域生态保护安全格局体系。结合环首都国家公园建设，重点加强潮白河、温榆河、北运河等重要河流生态廊道的保护和修复，限期恢复两岸 1 km 范围内的生态用地。以环首都国家公园、重要河流廊道、北京六环绿隔等为骨架，构建区域生态安全格局体系，形成城市发展空间的有效绿化隔离防护，严格控制建设用地蔓延式扩张。同时依据大区域的基本生态控制线和生态保护空间功能区，进行区域生态管控。

按照区域环境质量改善的要求，统一生态环境准入清单管理。按照大气环境质量管控区、水环境控制单元和人居环境安全管控区的要求，落实区域一体化的环境管理要求，按照环境控制单元落实生态环境准入清单管理。副中心 155 km² 及廊坊北三县、宝坻、武清城区范围实施最严格的环境质量和人居环境管控，统一实施严格的禁煤、禁运和搬迁工业生产项目等措施，确保环境质量改善和人居环境安全保障要求。副中心及周边地区所有工业园区按照当前最严格的标准实施统一的资源环境效率门槛和污染排放控制要求，区内所有工业项目限期搬迁入园发展，严格禁止新增燃煤、废水排放的工业项目准入。

三、推动沿海产业集聚区生态环境协同管控

统一规划港口发展，加强港口海域环境风险的防范与控制。沿海产业发展区是京津冀地区未来产业发展的核心区域，也是承接京津和内陆重化工企业的承载地。应合理控制地区港口发展规模，包括控制港口吞吐量及港口空间范围的过度扩张。规划和建设港口岸线时应充分考虑生态环境保护需要，避让自然保护区等法定保护区域，运输危险化学品等货物的港区应尽可能分布在远离环境敏感目标的岸线上，加强风险防控准备和应急体制建设。强制实施港口船舶污水、废油收集处置，完善港口集疏运系统，引导货运交通绕行京津市区。

加强重要生态敏感区和自然岸线、湿地保护，强化人口集聚区人居环境安全防护。结合海洋生态红线，将海洋保护区、重要滨海湿地、重要河口、特殊保护海岛和沙源保护海域、

重要砂质岸线等进行强制性保护，确保自然岸线比例不降低，滨海湿地得到保护和修复。加强北大港、唐海湿地等重要敏感区保护，确保自然岸线比例和湿地面积不降低。保障滨海新区核心区、中新天津生态城和曹妃甸生态城、唐海县城、黄骅市区等重要人口聚集区的空间范围，加强居住区隔离防护，建设封闭式石化园区，严格控制危险化学品仓储基地、运输路径等，减少对居民生活的影响。

加强对承接产业的环境准入要求，加强对石化产业发展的引导与管控。曹妃甸承接北京、张承地区的化工、钢铁等转移项目，渤海新区承接河北省内陆的化工、钢铁项目；强化分工协作，实行不低于疏解地的环境标准和管理要求。曹妃甸区石化基地建设应立足高标准、高起点，实现规模化、集约化、绿色化发展，降低生态环境影响；沧州渤海新区应控制现有产能水平，整合提升中小石化企业，结合承接产业进行升级改造，提高规模化、集约化水平。

第十章

区域生态环境保护一体化的长效机制

第一节　建立上下联动的多部门决策、管理机制

构建环首都国家公园体系并建立统一的考核机制，将白洋淀流域生态环境综合整治纳入国家战略，加强雄安新区与周边县市区以及北京城市副中心及周边区域的协调和合作。统筹沿海地区的产业发展与环境保护，调整和转移位于区域重要污染传输通道京石、京唐秦一线的能源重化工行业，在京津廊保范围内统一划定禁煤、禁运区，建立统一规划、利用和管理体系。协同发展、交通等部门划定京津冀地区禁煤、禁运区，加强自然资源资产监管，2020年前完成西北部生态涵养区自然资产负债表编制。实行水资源、能源有偿使用，建立京津冀生态环境保护专项资金。完善区域、流域生态补偿机制，加大上级财政转移支付对重要生态功能区、水源涵养区的补偿力度，试点基于水资源贡献的水资源费分配机制，探索开展基于流域上下游水质断面考核结果的罚款和补偿制度，在重点化工园区开展生态环境损害修复和赔偿制度试点。针对企业试点基于环境信用的差别化电价、污水处理费等，建立水资源费征收标准动态调整机制，对不同水源、行业实行差别征收标准。完善环境保护公众参与的工作机制，健全环境信息公开和公众评议制度，加速向社会治理转变。

第二节　建立与区域发展战略协同的环境管理机制

试点按流域设置环境监管和行政执法机构，成立区域流域统筹的环境保护管理机构。推进区域环保标准一体化，京津廊保2018年年底完成环保标准一体化，2020年前基本建立与区域、流域环境质量目标一致的功能区环境质量标准、污染物排放标准和环境准入标准，白洋淀流域2020年前完成与京津两地的污染物排放标准、环境功能区标准和环境监测标准、监督考核标准的统一。推动京津冀地区环境综合治理重大工程，在区域发展战略定位最重要、生态环境问题最突出、发展与保护矛盾最尖锐的白洋淀流域、北三河水系等地，深化大气、水、土壤和生态等环境要素协同治理，率先建成生态修复环境治理示范区的新样本。

第三节　强化全方位的环保监督与考核制度

推进环保督政工作，推行省级、市级环保督察工作，提高执法力度，完善执法后督察制度，依法严惩相关责任人。合理推行排污许可制度和一证式管理，除总量控制的四种污染物作为约束性指标外，试点增加对本地环境质量有突出影响的特征污染物。加强对中小企业和无组织排放源的环保执法和查处力度；结合空间管控分区和环境综合管控单元，在雄安新区周边及白洋淀水系、北京城市副中心及周边地区推广网格化的执法手段，强化问责机制，提高环境执法水平。推动区域环境监测一体化和数据联网，2017 年年底前实现地级以上城市所有环境监测数据联网和上报工作。推行干部生态环境审计和终身责任追究制度，建立生态环境损害赔偿和刑事责任追究制度，把生态环境质量变化纳入地方政绩考核体系。

第四节　在环评管理中全面落实"三线一单"要求

推动战略环评、规划环评的落地实施，完善战略环评、规划环评和项目环评联动机制；2017 年前所有地级市启动开展地市级战略环评，2018 年年前完成本地"三线一单"划定，并落实各部门职责。做好战略环境评价与"一证式"管理措施之间的衔接工作。实行基于大气环境质量的区域污染物总量管控，试点石化、化工、医药等行业控制 VOCs 排放总量。试点基于流域单元的水环境污染物（COD、氨氮）总量管控，并在北三河水系、白洋淀流域试行总氮、总磷总量控制。实施区域产业发展的负面清单管理，强化对资源利用效率、污染排放标准和环境功能区标准的门槛要求，明确区域重点行业不同阶段的空间准入清单、淘汰落后清单和新增项目准入清单；对长期超标、违法排放和严重危害生态环境的企业，在提高违法成本的基础上试行黑名单制度，强制其退出。

第五节　健全区域环境污染监管、防治协调联动机制

完善京津冀及周边地区联合监测、联合执法、应急联动、信息共享机制。加强区域环境空气质量监管体系建设，完善京津冀及周边区域大气污染预警会商机制，建立应急联动协调机构，实现预警等级标准、应急措施力度的统一，建立与山东、河南、陕西和内蒙古等地区的大气污染联防联控常态化机制。推进海河流域建立海陆统筹的水资源保护及污染防治制度，在排污许可中增加取水、排污的统筹管理。落实以"河长制"为核心的流域治理长效机制和问责体系，京津冀二级以上流域和城市实行水环境质量排名制度，开展流域断面水量—水质双考核试点，2020年前京津冀地区所有省控以上断面实现水量—水质的同步监测（监测频次

保持一致），增加出入境断面总氮、总磷指标监测结果为主要考核指标。在2017年年底完成全区域火电、造纸行业排污许可证核发，在京津冀部分城市开展高架源排污许可证试点。

第六节　构建生态环境大数据综合平台

应用大数据综合平台，加强生态环境科学决策。利用大数据支撑环境形势综合研判、环境政策措施制定、重点工作会商评估，为政策、规划等的制定提供信息支持，定量化、可视化评估环境管理措施的实施成效，提高管理决策的预见性、针对性和时效性，提高生态环境综合治理的科学化水平，提升环境保护参与经济发展与宏观调控的能力；落实战略环评中空间管控、总量管制、环境准入等具体管控要求，指导、提升项目环评的规范性和科学性；指导各城市提出符合本市资源环境情况的"三线一单"。利用生态环境大数据管理平台，整合生态环境质量信息公开、总量及许可证管理、项目环评、监察执法等各项业务，建立公平普惠、便捷高效的生态环境公共服务体系。

参考文献

[1] Boyer E W, Goodale C L, Jaworski N A, et al. Anthropogenic nitrogen sources and relationships to riverine nitrogen export in the northeastern U. S. A[J]. Biogeochemistry, 2002, 57/58（1）: 137-169.

[2] Chai M, Shi F, Li R, et al. Heavy metal contamination and ecological risk in Spartina alterniflora marsh in intertidal sediments of Bohai Bay, China[J]. Marine pollution bulletin, 2014, 84（1-2）: 115-124.

[3] Clark J S, D Wear. Ecological Forecasts: An Emerging Imperative[J]. Science, 2001. 293（5530）: 657-660.

[4] Cui S H, Shi Y L, Groffman P M, et al. Centennial-scale analysis of the creation and fate of reactive nitrogen in China（1910–2010）[J]. Proceedings of the National Academy of ences of the Uniced States of America, 2013, 110（6）: 2052-2057.

[5] Galloway J N, Aber J D, Wiuem E J, et al. The nitrogen cascade[J]. Bioscience, 2003, 53（4）: 341-356.

[6] Galloway J N, Townsend A R, Erisman J W, et al. Transformation of the Nitrogen Cycle: Recent Trends, Questions and potential solutions [J]. Science, 320（5878）: 889-892.

[7] Howarth R W, Boyer E W, Pabich W J, et al. Nitrogen use in the United States from 1961-2000 and potential future trends [J]. Ambio, 2002, 31（2）: 88-89.

[8] Jiang B. Head/tail breaks for visualization of city structure and dynamics[J]. Cities, 2015, 43（3）: 69-77.

[9] Kahn H, A J Wiener. The year 2000: a framework for speculation on the next thirty-three years. 1967, New York: Macmillan.

[10] Solberg, Andreassen K, Clarke N, et al. The possible influence of nitrogen and acid deposition on forest growth in Norway [J]. Forest ecology & management, 2004, 192（2-3）: 241-249.

[11] Swart R J, P Raskin, J Robinson. The problem of the future: sustainability science and scenario analysis[J]. Global environmental change, 2004. 14（2）: 137-146.

[12] Tapio P. Towards a theory of decoupling: degrees of decoupling in the EU and the case of road traffic in Finland between 1970 and 2001[J]. Transport policy, 2005, 12（2）: 137-151.

[13] Trutnevyte E, McDowall W, Tomei J, et al. Energy scenario choices: Insights from a retrospective review of UK energy futures[J]. Renewable & sustainable energy reviews, 2016, 55: 326-337.

[14] Wack P. Scenarios: uncharted waters ahead[J]. Harvard business review, 1985, 63（1）: 86-92.

[15] Wang Z, Fang C, Cheng S, et al. Evolution of coordination degree of eco-economic system and early-warning in the Yangtze River Delta[J]. Journal of geographical sciences, 2013, 23（1）: 147-162.

[16] 安文辉，曹国良，蒙小波，等. 情景分析法预测西安市大气污染物排放总量[J]. 环境工程, 2016, 34（8）: 99-103.

[17] 北京市人民政府办公厅. 《北京市新增产业的禁止和限制目录（2015 年版）》的通知[EB/OL]. http: // fagaiwei. bjchy. gov. cn/2015/0825/1839. html.

[18] 柴发合，云雅如，王淑兰. 关于我国落实区域大气联防联控机制的深度思考[J]. 环境与可持续发展, 2013 （4）: 5-9.

[19] 陈吉宁，环保部部长陈吉宁答记者问（全文）[EB/OL]. （2017-03-09）. http: //news. sina. com. cn/c/nd/ 2017-03-09/doc-ifychhus0321173. shtml.

[20] 程翠云，任景明，王如松. 我国农业生态效率的时空差异[J]. 生态学报, 2014, 34（1）: 142-148.

[21] 迟妍妍，许开鹏，王晶晶，等. 新型城镇化时期京津冀地区生态环境分区管控框架[J]. 环境保护, 2015 （12）: 63-65.

[22] 迟妍妍，许开鹏，张惠远. 浑善达克沙漠化防治区生态安全评价与对策[J]. 干旱区研究, 2015, 9: 1024-1031.

[23] 仇元平. 水上船舶交通事故原因及措施[J]. 中国水运, 2009, 9（4）: 31-32.

[24] 丑洁明，代如锋，班靖晗，等. 美国气候新政背景下的中国未来 CO_2 排放情景预测[J]. 气候变化研究进展, 2018, 14（1）: 95-105.

[25] 杜雯翠，朱松，张平淡. 我国工业化与城市化进程对环境的影响及对策[J]. 财经问题研究, 2014（5）: 22-29.

[26] 中国网. 发达国家制造业回流 金砖国家产业升级面临挑战[EB/OL]. http: //www.china.com.cn/ international/txt/2013-03/26/content_28361591.htm.

[27] 付静，付岱山. 关于我国产城融合问题的研究综述[J]. 中国市场, 2014（51）: 31-32.

[28] 傅崇辉，王文军，汤健，等. $PM_{2.5}$ 健康风险的空间人口分布研究: 以深圳为例[J]. 中国软科学, 2014（9）: 78-91.

[29] 谷保静. 人类—自然耦合系统氮循环研究——中国案例[D]. 杭州: 浙江大学, 2011.

[30] 谷健. 京津冀协同发展下非首都功能疏解对策研究[D]. 北京: 首都经济贸易大学, 2017.

[31] 国务院办公厅，国家计委. "十五"期间加快发展服务业若干政策措施的意见[EB/OL]. http://www.gov.cn/ zhengce/content/2016-10/11/content_5117403.htm, 2001-12/2018.

[32] 国务院人口普查办公室. 中国 2010 年人口普查资料[M]. 北京: 中国统计出版社, 2012.

[33] 何品晶，张春燕，杨娜，等. 我国村镇生活垃圾处理现状与技术路线探讨[J]. 农业环境科学学报, 2010, 29（11）: 2049-2054.

[34] 贺三维，邵玺. 京津冀地区人口—土地—经济城镇化空间集聚及耦合协调发展研究[J]. 经济地理, 2018 （1）: 95-102.

[35] 贺文华. 城镇化进程中工业化与环境污染的实证研究——基于湖南省 1988—2015 年的数据[J]. 石家庄经济学院学报, 2017, 40（4）: 42-48.

[36] 环境保护部. 生态保护红线划定技术指南[A]. 北京, 2015.

[37] 黄茂兴，李闽榕. 省域经济综合竞争力预测模型的选择实验与效果分析[J]. 管理世界, 2012（7）: 1-9.

[38] 焦文涛，王铁宇，吕永龙，等. 环渤海北部沿海地区表层土壤中 PAHs 的污染特征及风险评价[J]. 生态毒理学报, 2010, 5（2）: 193-201.

[39] 冷苏娅，蒋世杰，潘杰，等. 京津冀协同发展背景下的区域综合环境风险评估研究[J]. 北京师范大学学

报：自然科学版，2017，53（1）：60-69.

[40] 李斌. 江苏省区域工业发展对环境的影响研究[D]. 南京：南京农业大学，2013.

[41] 李从欣，张再生，李国柱. 中国经济增长和环境污染脱钩关系的实证检验[J]. 统计与决策，2012（19）：133-136.

[42] 李海桐，吕健. 新型城镇化背景下廊坊市推进城乡均衡发展研究[J]. 北华航天工业学院学报，2017，27（1）：40-42.

[43] 李倩，吕春英，王一星，等. 连云港市环境管控空间单元划分方案研究[C] //中国环境科学学会，2017 中国环境科学学会科学与技术年会论文集（第三卷）. 北京：中国环境出版社，2017.

[44] 李守旭. 以产促城城产城融合：新型城镇化背景下的产城关系初探[J]. 中国勘察设计，2014（4）：40-43.

[45] 李振海，赵蓉，祝秋梅. 南水北调中线北京段总干渠工程的主要环境影响及保护措施探讨[J]. 南水北调与水利科技，2010，8（1）：19-23.

[46] 李志涛，王夏晖，高彦鑫，等. 污染地块环境风险管控对策研究[J]. 环境保护科学，2016，42（4）：40-42.

[47] 梁流涛，郭子萍，王海荣. 工业发展与环境污染关系的区域差异分析——基于江苏省的实证研究[J]. 生态环境学报，2010，19（2）：415-418.

[48] 刘海龙，石培基. 绿洲型城市空间扩展的模拟及多情景预测——以酒泉、嘉峪关市为例[J]. 自然资源学报，2017.32（12）：2075-2088.

[49] 刘鹤，金凤君，刘毅，等. 中国石化产业空间组织的评价与优化[J]. 地理学报，2011，66（10）：1332-1342.

[50] 刘欢，贺克斌，王岐东. 天津市机动车排放清单及影响要素研究[J]. 清华大学学报：自然科学版，2008，48（3）：370.

[51] 刘满芝，徐悦，刘贤贤，等. 中国生活能源消费密度的影响因素分解、空间差异和情景预测[J]. 中国矿业大学学报：社会科学版，2016（2）：48-56.

[52] 刘年磊，卢亚灵，蒋洪强，等. 基于环境质量标准的环境承载力评价方法及其应用[J]. 地理科学进展，2017，36（3）：296-305.

[53] 刘小丽，任景明，任意. 石化产业布局亟须转危为安[J]. 环境保护，2009，21：65-67.

[54] 刘毅，陈吉宁，何炜琪. 城市总体规划环境影响评价方法[J]. 环境科学学报，2008，28（6）：1249-1255.

[55] 刘毅，江涟，陈吉宁. 国际大都市区可持续发展实践经验概述[J]. 中国人口·资源与环境，2008，18（1）：75-78.

[56] 刘毅，李天威，陈吉宁，等. 生态适宜的城市发展空间分析方法与案例研究[J]. 中国环境科学，2007，27（1）：34-38.

[57] 刘媛媛. 基于控制单元的水环境容量核算及分配方案研究[D]. 南京：南京大学，2013.

[58] 娄伟. 情景分析方法研究[J]. 未来与发展，2012，35（9）：17-26.

[59] 吕军，王德运，魏帅. 中国石油安全评价及情景预测[J]. 中国地质大学学报：社会科学版，2017（2）：86-96.

[60] 马燕平. 鄂尔多斯市工业化与生态环境协调发展研究[D]. 呼和浩特：内蒙古师范大学，2011.

[61] 聂细亮，戴冉，岳兴旺. 基于模糊综合评估的航道环境危险度研究[J]. 大连海事大学学报，2013，39（1）：27-30.

[62] 宁吉喆. 中国统计年鉴 2017[M]. 北京：中国统计出版社，2017.

[63] 潘辉. 浅析船舶密度和船舶密度分布[J]. 中国水运，2007，5（12）：18-20.

[64] 曲建升，边悦. 资源型城市工业发展与环境成本脱钩研究——以金昌市为例[J]. 开发研究，2015，178（3）：

162-165.

[65] 沈镭，刘立涛，王礼茂，等. 2050 年中国能源消费的情景预测[J]. 自然资源学报，2015，30（3）：361-373.

[66] 生态环境部. 2016 年中国环境状况公报 [EB/OL]. http：//www.zhb.gov.cn/hjzl/zghjzkgb/lnzghjzkgb/201706/P020170605833655914077.pdf，2017-06/2018-05.

[67] 施亚岚，崔胜辉，许肃，等. 需求视角的中国能源消费氮氧化物排放研究[J]. 环境科学学报，2014，（10）：2684-2692.

[68] 宋国君，马本，王军霞. 城市区域水污染物排放核查方法与案例研究[J]. 中国环境监测，2012，28（2）：10-14.

[69] 孙晓蓉，邵超峰. 基于 DPSIR 模型的天津滨海新区环境风险变化趋势分析[J]. 环境科学研究，2010，23（1）：68-73.

[70] 唐德才. 工业化进程、产业结构与环境污染——基于制造业行业和区域的面板数据模型[J]. 软科学，2009，23（10）：6-11.

[71] 田佩芳. 京津冀区域环境风险分析与协同控制研究[D]. 北京：中国矿业大学，2018.

[72] 王金南，吴文俊，蒋洪强，等. 中国流域水污染控制分区方法与应用[J]. 水科学进展，2013，24（3）：459-468.

[73] 王金南，严刚，姜克隽，等. 应对气候变化的中国碳税政策研究[J]. 中国环境科学，2009，29（1）：101-105.

[74] 王丽洁. 京津冀县域经济发展水平研究[D]. 北京：北京林业大学，2016.

[75] 王知津，周鹏，韩正彪. 基于情景分析法的企业危机发展预测[J]. 图书馆论坛，2010（6）：299-302.

[76] 王自发，谢付莹，王喜全，等. 嵌套网格空气质量预报模式系统的发展与应用[J]. 大气科学，2006，30（5）：778-790.

[77] 魏庆奇，肖伟. 1989—2009 年间我国交通运输能耗变化关键驱动因素分解研究[J]. 科技管理研究，2013，8：112-117.

[78] 吴凡. 经济转型和低碳双约束下的中国能源消费情景预测[J]. 经济与管理，2017（3）：80-86.

[79] 谢元博，陈娟，李巍. 雾霾重污染期间北京居民对高浓度 $PM_{2.5}$ 持续暴露的健康风险及其损害价值评估[J]. 环境科学，2014，35（1）：1-8.

[80] 徐辉. 京津冀城市群：探索生态文明理念下的新型城镇化模式[J]. 北京规划建设，2014（5）：39-44.

[81] 许开鹏，迟妍妍，陆军，等. 环境功能区划进展与展望[J]. 环境保护，2017（1）：55-59.

[82] 许开鹏，王晶晶，迟妍妍，等. 基于主体功能区的环境红线管控体系初探[J]. 环境保护，2015，12：31-34.

[83] 许克，陈建. 基于 EKC 的江苏省工业发展与环境污染关系研究[J]. 污染防治技术，2012（3）：14-17.

[84] 许月卿. 基于生态足迹的京津冀都市圈土地生态承载力评价[C]//2006年中国土地学会学术年会论文集. 2006.

[85] 严晗. 北京典型道路机动车污染物排放与浓度特征研究[D]. 北京：清华大学，2014.

[86] 杨坤矗. 京津冀地区城市化特征与人居环境质量研究[D]. 太原：山西师范大学，2017.

[87] 杨威，金凤君，工成金. 两广地区工业—资源—环境系统协调性分析[J]. 地理科学进展，2010，29（8）：913-919.

[88] 杨艳，何艳青，吕建中. 壳牌公司"情景规划"的实践与启示[J]. 国际石油经济，2015（9）：36-41.

[89] 杨宗月，张雪亚，刘阳，等. 京津冀区域金融一体化进程研究[J]. 中国市场，2017（6）：41.

[90] 伊文婧. 我国交通运输能耗及形势分析[J]. 综合运输，2017，39（1）：5-9.

[91] 余向勇，陈安，杨晓东，等. 宜昌市水环境质量红线划分与空间管控研究[J]. 环境科学与管理，2015，

40（5）：20-24.

[92] 岳珍，赖茂生. 国外"情景分析"方法的进展[J]. 情报杂志，2006（7）：59-60，64.

[93] 张帆，程水源，王人洁，等. 京津冀区域国家干线公路机动车大气污染影响研究[J]. 公路交通科技，2017，34（6）：144-150.

[94] 张嘉琪，刘毅. 京津冀地区活性氮排放与调控思路[A]. 2017 中国环境科学学会科学与技术年会论文集（第一卷）[C]. 2017.

[95] 张千湖，高兵，黄葳，等. 福建省地级市人为源活性氮排放及其特征分析[J]. 环境科学，2017，38（9）：3611-3619.

[96] 张赛赛，冯秀丽，马仁锋，等. 宁波市工业发展与环境质量耦合关系的定量分析[J]. 城市环境与城市生态，2016（4）：32-35.

[97] 张协奎，李玉翠，陈垚希. 基于多变量双对数回归模型的工业发展与环境质量实证研究——以南宁市为例[J]. 生态经济（中文版），2012（4）：39-41.

[98] 张英仙，刘钢，曹磊，等. 浅析小城镇生活垃圾污染防治中存在的主要问题及对策[J]. 环境科学与管理，2011，36（4）：11-14.

[99] 赵晨旭，徐鹏，廖雅君，等. 气态活性氮排放的环境影响研究进展[J]. 环境污染与防治，39（5）：569-573.

[100] 赵卫，刘景双，孔凡娥. 区域生态足迹情景预测——以吉林省为例[J]. 资源科学，2007（1）：165-171.

[101] 中国科学院大气物理研究所. 华北大气污染物沉降量已成为全球最高区域之一[EB/OL].（2015-02-02）. http://www.iap.ac.cn/xwzx/zhxw/201502/t20150202_4307671.html.

[102] 朱明明. 山东省工业发展与资源环境的耦合研究[D]. 济南：山东师范大学，2012.

生态环境部办公厅
北京市人民政府办公厅
天津市人民政府办公厅
文件
河北省人民政府办公厅

环办环评〔2018〕24号

关于促进京津冀地区经济社会与
生态环境保护协调发展的指导意见

北京市、天津市、河北省各市（区）人民政府，环境保护厅（局）：

为全面深入贯彻落实党的十九大精神和习近平新时代中国特色社会主义思想，统筹推进"五位一体"总体布局和协调推进"四个全面"战略布局，推动京津冀协同发展和雄安新区、北京城市副中心建设等一系列重大战略的实施，促进京津冀地区经济社会与生态环境保护协调发展，实现区域生态环境根本好转，在京津冀地区战略环境评价工作成果的基础上，提出以下指导意见。

一、高度重视区域协同发展与生态环境保护的战略紧迫性

（一）实现生态环境根本好转是京津冀区域协同发展的重要战略目标。京津冀地区是我国经济社会发展程度最高、最具国际竞争力的地区之一，是区域协调发展和建设世界级城市群的战略指向区。京津冀协同发展是新时代国家三大发展战略之一，有序疏解北京非首都功能、建设雄安新区是解决区域发展不平衡、不充分的重要举措。京津冀地区是我国北方重要的生态功能区、全国重点人居安全功能保障区和生态修复环境改善示范区。在新时代"两步走"

的新目标和战略安排下，打好污染防治攻坚战、实现区域生态环境根本好转是满足人民日益增长的美好生活需要的根本保障，也是京津冀协同发展的重要战略目标。

（二）区域生态环境安全的总体形势复杂严峻。京津冀地区是我国水资源供需矛盾最突出、水生态环境问题最复杂、大气污染最严重的地区。京津冀地区人均水资源量不足全国十分之一，水资源开发利用强度高达109%，海河流域主要河流断流、劣Ⅴ类河流断面占比长期维持在40%左右，平原区地下水超采面积比例超过90%；区域复合型大气污染问题严重，2017年全国空气污染最严重十个城市中有六个位于京津冀地区。区域性、复合型和累积性环境污染问题长期持续存在，部分城市工业和居住功能混杂，人居环境安全长期受到威胁。

（三）区域经济社会与生态环境保护协调发展的任务艰巨。随着生态文明建设和区域协同发展战略的深入推进，三大污染防治行动计划及强化措施大力实施和不断升级，未来京津冀地区生态环境质量将整体呈现好转态势。但是，到2035年实现生态环境根本好转依然存在极大难度，区域产业转型升级和空间格局优化的任务依然繁重，资源和能源利用结构性矛盾将长期存在，空气质量持续改善的难度加大，流域水生态环境质量改善面临水资源长期短缺的制约，局部地区生态环境问题和环境风险依然突出，协调区域经济社会发展与生态环境保护的任务艰巨。

二、促进经济社会与生态环境保护协调发展的总体要求

（四）指导思想。全面深入贯彻党的十九大精神和习近平新时代中国特色社会主义思想，践行社会主义生态文明观，坚持人与自然和谐共生，统筹山水林田湖草系统治理，实行最严格的生态环境保护制度。大力推动京津冀地区产业结构优化升级，实现发展方式和生活方式的绿色转型；重点补齐生态环境短板，打好污染防治攻坚战，努力率先实现区域生态环境根本好转；不断提高生态环境治理现代化水平，健全生态文明建设制度体系，支撑京津冀世界级城市群建设，打造全国生态修复环境改善示范区。

（五）基本原则。坚持生态优先，贯彻生态文明理念，正确处理好区域发展与生态环境保护的关系，实行最严格的环保要求，推动构建绿色发展新模式和国土空间开发新格局。坚持区域统筹，健全流域上下游生态补偿和区域污染联防联控体系，加快多种污染物、跨环境介质协同治理，实施差别化的生态环境空间管控对策和治理措施。坚持目标导向，以生态环境根本好转为目标，以生态保护红线、环境质量底线、资源利用上线和生态环境准入清单（以下简称"三线一单"）为手段，构建分区环境管控体系，实施区域生态环境战略性保护。坚持机制创新，探索跨区域协同、多部门联动生态环境管理机制，基于"三线一单"创新环评管理手段，深化区域一体化的环境监督、考核和工作保障机制。

（六）总体思路。以实现区域生态环境根本好转为目标，以经济社会发展与资源环境矛盾最突出的关键区域和行业为重点，以"三线一单"为抓手，构建区域绿色发展新模式和国土空间开发新格局，完善区域生态保护红线和空间管控体系，严格环境质量底线约束，严控水资源和能源利用上线，强化生态环境准入清单管理，实施跨区域、跨部门、跨介质协同的生态环境综合治理模式，健全区域生态环境保护一体化的长效机制，推动形成有利于节约资源和保护生态环境的发展方式、生活方式、治理模式和制度体系。

三、构建区域绿色发展新模式和空间开发新格局

（七）优化区域发展空间格局，推动协同发展新模式。基于区域生态功能定位和资源环境承载能力，构建目标同向、措施一体、优势互补、互利共赢的协同发展新模式，实施分区环境管控（具体要求详见附件）。中部核心功能区，建设以首都为核心的世界级城市群，加快实施北京非首都功能疏解，加强雄安新区与周边县市、北京城市副中心与廊坊北三县及京津交界地区的统一规划、统一政策、统一管控。东部滨海发展区，以实现区域生态环境质量改善目标为前提，推进能源重化工产业绿色升级、优化布局、错位发展，控制天津市钢铁产能规模和滨海新区石化发展规模，曹妃甸适度集聚发展钢铁、石化、重型装备制造等产业，渤海新区除承接沧州市已有产能转移外不再新建炼油项目。南部功能拓展区加大能源重化工产业结构调整和转型升级力度，加快"散乱污"企业整治和城市建成区内重污染产业退出。西北部生态涵养区，以生态功能保障为前提，支持绿色食品、生态旅游等产业适度发展，推进钢铁、化工等重污染企业转型升级、关停淘汰或搬迁转移。

（八）强化重点产业规模控制与结构调整，推动工业绿色转型升级。2020 年，京津冀钢铁、火电、炼油等能源重化工行业根据环境空气质量改善要求，进一步强化产能规模控制。加大建材、化工和造纸等重污染行业整治提升力度；2035 年，能源重化工行业进一步压减产能。加快产业升级和工艺设备改造力度，2020 年重点行业能效水耗水平达到全国先进水平，2035 年重点行业能效水耗水平达到国际先进水平；2020 年 75%的国家级工业园区和 50%的省级工业园区实现循环化改造，2035 年该比例分别达到 100%、80%。加大燃煤锅炉改造力度，2020 年年底前淘汰 35 蒸吨/时以下生产性燃煤锅炉，严格落实工业锅炉脱硝要求；推动工业氮氧化物（NO_x）和挥发性有机物（VOCs）协同减排。石化行业全面实施泄漏检测与修复（LDAR）技术，开展 VOCs 暴露的人群健康风险管控试点，2020 年前石化行业生产技术装备、污染物排放控制和企业管理达到国际先进水平。

（九）推动新型城镇化和农业现代化发展，优化产城空间格局。以区域资源环境承载力为依据，引导新型城镇化和农业现代化发展模式，加强建设用地规模控制和空间管控，优化城镇生活和农业生产空间布局。中部核心功能区，推动环京津地区城镇协同发展，合理确定城镇人口规模和开发边界，统筹交通和市政基础设施建设，高标准建设雄安新区和北京城市副中心，加快构建森林和湿地生态廊道。东部滨海发展区，严格保护自然岸线资源，严控工业用地扩张，优化产城空间布局，强化石化、钢铁等能源重化工园区封闭管理和周边生态环境防护。南部功能拓展区，合理促进中小城市发展，加强产城统筹和空间布局的优化，城市规划区范围严禁新增重污染工业项目，现有"散乱污"企业逐步关停或搬迁至产业园区。西北部生态涵养区，以水源涵养、水土保持和生物多样性保护功能为主导，加强城镇开发边界控制，加快城市规划区内重污染企业搬迁转移。加快调整农业生产方式，将衡水东部、沧州西部和雄安新区等地区划为休耕区，推动休耕轮作制度试点。依法划定畜禽养殖禁养区、限养区，禁止在天津中心城区、雄安新区等人口集中区域和饮用水水源保护区范围建设畜禽养殖场、养殖小区，已有的应依法责令拆除或关闭。北京市全市禁止新建、扩建规模化畜禽养殖场（科研、育种除外），依法对人口集中区域、饮用水水源保护区等禁养区范围内已有的规模化畜禽养殖场，按照《畜禽养殖禁养区划定技术指南》的要求采取治理、拆除或关闭等措施。

四、加强基于"三线一单"的区域生态环境战略性保护

（十）严守生态保护红线，完善区域生态空间管控体系。加快区域生态保护红线的划定—勘界—定标，建立健全生态保护红线监控—评价—考核—补偿机制。对坝上高原生态防护区、燕山—太行山生态涵养区、太行山生物多样性保护优先区域、环渤海湾滨海湿地和自然岸线等重要生态空间实施用途管制；加强天然林保护，实施燕山—太行山迎风坡地森林抚育和林相林种改造，提高森林植被水源涵养功能。中部核心功能区，结合环首都国家公园体系建设，优化北京及周边地区城镇空间和生态空间格局，加强永定河、拒马河、潮白河和北运河廊道生态修复与保护，加快白洋淀生态修复治理。东部滨海发展区，重点加强海洋保护区和滨海湿地、河口湿地、自然岸线等保护，确保湿地面积不降低，自然岸线不减少。西北部生态涵养区，加强密云水库、官厅水库、潘家口—大黑汀水库上游汇水区水源涵养和生态修复，强化冬奥会运动场馆区、雪场及周边区域生态环境保护。

（十一）严保环境质量底线，实施分区分级环境管控。

水环境质量目标底线。2020 年，流域水生态退化和水环境污染得到有效控制，劣 V 类河流断面比例下降至 30%以内，白洋淀水体达到地表水Ⅳ类标准，京津城市建成区基本消除黑臭水体，其他城市建成区黑臭水体控制在 10%以内，地级及以上城市集中式饮用水水源水质 100%达到或优于Ⅲ类，平水年地下水基本实现采补平衡，近岸海域水质优良（一、二类）比例总体达到 70%左右。2035 年，流域水生态环境根本好转，水环境功能区总体达标，白洋淀水体达到地表水Ⅲ类标准，河流生态流量得到保障。进一步深化污染物减排措施，到 2035 年区域化学需氧量（COD）、氨氮入河量分别控制在 32.5 万吨和 1.7 万吨以内。推进白洋淀流域污水处理标准逐步与京津地方标准接轨，逐步实现工业废水与城市生活污水排放标准的统一，提高北三河、白洋淀流域污水收集和处理能力，强化污水处理厂对氮磷的削减和深度处理，推动雄安新区和北京城市副中心开展污水源分离技术示范。西北部生态涵养区重点加强生态系统与水环境保护，采取保护性发展策略，确保河流源头地区生态环境质量不恶化。大清河、子牙河和黑龙港流域地下水超采区限制高耗水行业准入，除倍量替代外禁止新建、扩建钢铁、化工、造纸、有色金属冶炼等高耗水行业项目，进一步压采地下水。

大气环境质量目标底线。2020 年，冬季采暖期重污染天数明显减少，细颗粒物（$PM_{2.5}$）年均浓度控制在 60 微克/立方米以内，区域臭氧污染得到有效控制。2035 年，空气质量总体达标，90%以上人口处于达标区域，北京市中心城区、城市副中心和雄安新区率先实现空气质量根本好转，区域二氧化硫（SO_2）、NO_x 和可吸入颗粒物（PM_{10}）排放量分别削减到 37.2 万吨、65.7 万吨和 50.5 万吨。中部核心功能区，加快"散乱污"企业和工业大院整治，加强清洁能源替代和散煤治理，京津廊保地区依法实施区域统筹的客货运交通体系、机动车和货运交通管控措施，严格控制移动源污染排放。南部功能拓展区，进一步强化能源重化工行业规模控制，加快淘汰落后产能，新增产能实行重点污染物排放倍量替代，加强散煤治理及燃煤锅炉改造，实行特别排放限值和冬季错峰生产、限产、错峰运输等应急管控措施，强化秸秆禁烧，探索建立农业废弃物区域协调利用机制。西北部生态涵养区，加大清洁生产技术改造，加快实施燃煤锅炉清洁能源替代和重污染企业搬迁，确保 2022 年前实现冬季空气质量稳定达标。东部滨海发展区，优化港口集疏运体系，严格控制港口、船舶大气环境污染，强化石化行业 VOCs 和钢铁行业 NO_x、一氧化碳（CO）排放控制。强化非道路移动机械排放管理，

划定并公布禁止使用高排放非道路移动机械的区域；提高车用和船用油品质量，推进车用柴油、普通柴油和船用燃油"三油并轨"，推动京津冀区域全面执行机动车国六排放标准。

土壤环境安全底线及风险管控。2020 年区域土壤环境风险得到基本管控，2035 年土壤环境风险得到全面控制、土壤环境质量普遍改善。配合全国土壤污染状况详查，优先开展城市人口密集区、雄安新区等地区以及重点行业集聚区、污灌区、大气污染沉降区土壤污染彻查工作，全面完成廊坊、天津静海等地工业渗坑清查并实施修复。针对重点监管企业搬迁后遗留的污染场地，尽快开展清查、评价、风险管控和治理修复工作，未实施土壤调查、评价和修复的城市工业污染场地，不得开展二次开发利用。根据农用地土壤污染物超标及累积性评价，对受重金属或者其他有毒有害物质污染、达不到国家有关标准的农用地，禁止种植食用农产品。

人居环境安全保障与风险防控。2020 年区域人居环境安全风险得到控制，2035 年人居环境安全得到有效保障。加大京津、京唐、京石三大人居安全高风险轴的污染治理和风险防控，强化产城空间布局优化，开展区域大气污染暴露风险研究并制定相应对策措施。京津中心城区、雄安新区、北京城市副中心、滨海新区和河北各地级城市人口聚集区严格规范危险化学品管理，依法逐步退出危险化学品（以下简称危化品）生产、储存、加工机构，加快城市建成区重污染企业搬迁。加强工业废物综合处置，开展污水与污泥、废气与废渣协同治理试点，强化洋垃圾非法入境管控，切实防控危险废物环境风险。加强重要道路沿线和交通场站周边环境噪声动态监控，做好城市声环境质量达标管理。

（十二）严控资源利用上线，促进资源高效集约利用。

水资源利用上线。2020 年、2035 年区域生产生活用水总量分别控制在 221 亿立方米和 286 亿立方米以内，其中农业用水总量压减 20 亿立方米以上，地下水用水量分别控制在 100 亿立方米和 95 亿立方米以内，确保 2020 年平水年基本实现地下水采补平衡，2035 年进一步降低地下水开采量。加强河流生态流量控制，2020 年、2035 年主要河流生态基流总量分别不低于 20 亿立方米和 35 亿立方米，白洋淀生态补水不低于 1.5 亿立方米/年，加快建立常态化补水机制。提高工业、农业用水效率，2035 年河北万元工业增加值用水量降至 8 立方米/万元，科学确定地下水超采区农业生产结构和规模，在有条件地区开展休耕轮作制度试点。新建污水厂应配套建设中水回用系统，新建 20 000 平方米以上公共建筑配套中水设施。雄安新区建设应符合海绵城市建设标准，确保雨水资源化利用率达 10%以上，中水回用率达 50%以上。

能源利用上线。区域煤炭消费总量实现负增长，2020 年区域煤炭消费总量控制在 3.2 亿吨以内，在能源消费中的占比控制在 48%以下，在中部核心功能区依法划定禁煤区；2035 年区域煤炭消费占比 40%以下，地级及以上城市中心城区和钢铁、建材等重点行业实现无煤化，天津（山区除外）及北京全面退出散煤，河北散煤清洁化率达到 90%。推动热电联产集中供热改造和燃煤锅炉清洁能源替代，城镇及周边农村地区积极稳妥推进煤改电工程，结合气源保障、自然条件等推广煤改气、地源热泵、太阳能热泵和空气源热泵等用能或供暖方式。除热电联产外，区域内严禁新增燃煤电厂。

生态资源利用上线。2020 年，区域森林覆盖率达 30%以上，退化草原治理面积达 50%以上，湿地保有量达 130 万公顷以上；京津冀自然岸线比例不低于 20%，其中天津市自然岸线长度不减少，河北省自然岸线保护比例不低于 35%（长度 170 千米以上）。2035 年，区域生态系统质量和稳定性得到进一步提升，山水林田湖草生态安全格局基本确立。

（十三）严格生态环境准入清单，促进产业转型升级和绿色发展。统筹划定区域环境综合管控单元，根据资源环境承载能力确定合理的空间布局、开发强度、资源利用效率、污染物允许排放量等管控目标，实施分区差异化的环境准入管控要求。中部核心功能区执行不低于京津的环境准入要求，白洋淀及周边地区统一制定和实施严格的生态环境准入清单。东部滨海发展区，强化钢铁、石化等重污染行业空间布局管控，全面提升工业企业集约化、清洁化生产水平。南部功能拓展区，进一步加强能源重化工行业规模控制，空气环境质量达标前，禁止新建、扩建新增产能的钢铁、冶炼、水泥项目以及燃煤锅炉。西北部生态涵养区，严格落实生态保护红线环境准入管控，提高水污染排放项目环境准入要求，严禁在城市规划区外设立各类开发区和新城新区，工业企业必须入园统一管理。

五、建立健全区域生态环境保护一体化的长效机制

（十四）战略协同，统筹京津冀生态环境保护战略。以京津冀协同发展战略为指导，以生态环境根本好转为目标，以非首都功能疏解、雄安新区建设、白洋淀流域治理等为引领，统筹推进区域绿色发展转型、空间布局优化调整和生态环境一体化保护。在京津廊地区、雄安新区及周边地区、冀中南中部平原区、东部滨海发展区和太行山—燕山生态涵养区等重点区域，开展跨行业和跨部门协同、跨介质和跨区域协同、多要素和多维度协同的区域生态环境综合治理，建立区域协同的标准、监管、治理体系和机制，推动京津冀地区建成我国生态修复环境改善示范区。

（十五）标准协同，建立基于区域流域环境质量改善的环境标准体系。推进区域环境标准一体化，2020年前基本建立与区域、流域环境质量目标相协调的环境质量、污染物排放标准和环境准入要求，推动区域工业产品 VOCs 含量限值标准的统一。推动战略环评成果落地，统筹地级以上城市"三线一单"编制，实施基于空间单元的生态环境准入清单管理制度，明确重点区域、重点行业不同阶段的空间准入负面清单、淘汰落后清单和新增项目准入负面清单管理要求。统筹制定承接京津产业转移地区的环境准入要求，各承接地强化分工协作，实施不低于疏解地的环境管理要求。

（十六）监管协同，强化全方位、全覆盖的环保监督与考核制度。建立健全体现生态环境保护工作实绩的干部政绩评价考核制度、环境监管和行政执法制度体系。全面推进和完善固定源环境管理制度，将对本地环境质量有突出影响的特征污染物纳入排污许可管理。构建空、天、地一体化生态环境监测网络体系，推动区域环境监测一体化和数据共享，2020年年底前实现地级及以上城市所有环境监测数据联网和上报；加快建设京津冀环保大数据管理系统，逐步构建区域多尺度感知、科学化诊断、智能化响应的环境管理平台。推广网格化执法，利用卫星遥感、地面观测和互联网大数据技术等识别热点网格，重点针对企业排放及治理情况、重污染天气应急预案落实情况等开展集中执法检查。

（十七）治理协同，健全区域环境污染防治协调联动机制。推进环境监管和行政执法机构改革，成立区域流域统筹的生态环境保护管理机构。全面推行河长制、湖长制、湾长制，建立海陆统筹、河湖一体的水资源保护及污染防治制度，2020年前京津冀地区具备条件的省控及以上断面实现水量—水质的同步监测，在出入境断面考核指标中增加总氮、总磷指标。完善京津冀及周边地区联合监测、联动执法、应急联动、信息共享机制。完善京津冀及周边区域大气污染预警会商和协调机制，建立与山西、内蒙古、山东、河南等地大气污染联防联控

常态化机制，推进区域环评会商机制。

（十八）机制协同，创新生态环境和自然资源管理体制。推进环首都国家公园体系建设，进一步加大太行山—燕山生态涵养区等重点生态功能区生态补偿力度，完善基于流域上下游水质断面考核结果的奖惩和补偿制度，试点基于产水量与用水差额的水资源税收分成的流域水资源生态补偿制度。面向推动高质量发展，优化环境治理模式，形成以环境质量改善倒逼总量减排、污染防治，进而倒逼转方式、调结构的联合驱动机制。京津冀各城市和主要河流干流及一、二级支流流域实行水环境质量排名制度，开展流域断面水量—水质双考核试点。积极推动生态环境损害赔偿制度改革试点工作，在环境高风险领域全面推行环境污染强制责任保险。加强自然资源资产监管，2020 年前完成西北部生态涵养区自然资源资产负债表编制。

附件：京津冀地区分区环境管控要求汇总表

2018 年 8 月 20 日

附件

京津冀地区分区环境管控要求汇总表

区域	重点管控单元	问题与压力	环境管控措施
中部核心功能区（北京市、天津市、廊坊市、保定市）	整体	流域性水资源短缺、水污染严重、水生态恶化；地下水超采严重	完善城镇污水处理系统，统筹区域内污水处理厂提标改造，逐步达到北京市地方标准水平；合理推进农村生活污水和人畜粪便收集处理设施建设，逐步实现工业废水与城市生活污水集中处理设施排放标准的衔接。 新建污水处理厂需配建中水回用系统，新建住宅及公共建筑配套中水设施，有条件地区推广再生水回用农业灌溉。 开展雨水资源化利用，2020 年 20%以上的城市建成区实现降雨的70%就地消纳和利用，雨水资源化利用率不低于10%
		区域复合型大气污染严重，机动车和散煤燃烧贡献高	大气环境质量达标前，禁止新增污染排放项目，实施污染物"倍量削减"的要求。 逐步完成钢铁、火电、石化、建材行业的搬迁转移，2020 年前完成燃煤锅炉的清洁能源替代。城市规划范围内禁止燃煤、重油等高污染工业项目，控制一般性商贸物流产业。 京昆以东、荣乌以北，天津市、保定市、廊坊市与北京接壤的区县划定为禁/控煤区。京昆以东、荣乌以北、津汕以西的区域及雄安新区周围县区划为限行区，实施 6—24 时分时段限行和空气质量预警状态的应急限行措施，加强对运输原材料货运汽车的管控和疏导。 2035 年全部地级及以上城市中心城区和重点行业实现无煤化
		城市空间蔓延式扩张，湿地、河流廊道等重要生态空间受到挤占	以存量建设用地和布局结构调整为主，严格控制城市发展边界。 结合环首都国家公园体系建设，进一步加强区域生态安全格局建设，提高区域大型生态用地和斑块的连通性。加强永定河、拒马河、大清河和潮白河、北运河廊道生态修复与保护，建设湿地过渡带。 永定河流域、白洋淀流域上游水源涵养区，依法严禁煤炭、矿石采选等对生态环境有显著破坏的项目。 加强自然森林抚育，继续实施风沙源治理、退耕还林还草、三北防护林、首都水资源恢复和保护等重点生态工程。加强水源涵养林生态修复与自然抚育，改善林种结构，提高落叶阔叶林比例
		人口和产业集聚密度高，人居安全保障压力突出	加快推动北京非首都功能疏解，强化违法违规排污行为整治，现有工业大院限期关停或搬迁至产业园区。 严格规范危险化学品（以下简称危化品）管理，区域内逐步退出危化品的生产、储存、加工机构。 按照国家相关规定完成土壤污染状况详查，重污染企业搬迁后遗留的污染地块经治理与修复并符合相应规划用地土壤环境质量要求后，方可进入用地报批程序。 2020 年前基本建立与区域、流域环境质量目标相协调的功能区环境质量标准、污染物排放标准和环境准入标准

区域	重点管控单元		问题与压力	环境管控措施
中部核心功能区（北京市、天津市、廊坊市、保定市）	北京市	整体	水资源供给高度依赖外调水和地下水；农村生活污水和畜禽养殖废水对水环境影响突出	进一步疏解北京人口，常住人口规模严格控制在 2 300 万人以内。进一步压采地下水，2020 年前基本实现平水年地下水采补平衡。依法划定畜禽养殖禁养区，严禁新增规模化畜禽养殖场（育种、科研用途除外），现有养殖场 2020 年前完成污水和畜禽粪便治理，实现畜禽粪便资源化利用
			农村散烧煤问题突出；石化行业 VOCs 排放量大；机动车及生活源大气污染贡献高；过境货车 NO_x 排放影响突出	全市划为控煤区，除煤电、集中供热和原料用煤企业以外，2020 年燃料用煤基本"清零"，全市煤炭消费占比控制在 5% 以下。中心城区依法划为禁煤区，实现所有燃煤锅炉的清洁能源替代，2020 年前全市平原地区平房采暖基本实现无煤化。机动车保有量上限 630 万辆，将北京六环内划为货运车低排区，全天禁止除保障城市生产生活需求以外的国三及以下标准重型柴油车、载货车（新能源车除外）驶入。燕山石化按照水、气、土、地下水环境要求实施深度治理和技术改造，根据区域环境质量目标倒逼企业转型升级或搬迁转移
		城市副中心	周边地区人口规模和城市空间快速扩张	统筹北京城市副中心与廊坊北三县空间规划。加强潮白河、温榆河、北运河等重要河流生态廊道的保护和修复，恢复两岸生态用地，提高水生态系统服务功能
			空气质量根本好转压力巨大，通勤和过境交通影响突出	依法划定禁煤区，实现所有燃煤锅炉的清洁能源替代，2020 年前全面退出散煤。严格控制北京城市副中心—廊坊北三县人口规模增长和建设用地扩张。2020 年前搬迁淘汰与城市副中心功能定位不相符的工业企业
			水资源、能源基础设施保障压力大	高标准建设市政基础设施体系，合理利用再生水、雨水和外调水，优化水源结构和供水保障能力；统筹煤电、气电、分布式光伏发电等能源结构，优化居民供暖方式；合理选择分布式供电、分散式采暖以及用户节约技术等先进设施供给技术。大力发展区域公共交通体系，提高轨道交通的通勤分担能力，加强建筑节能技术应用，新建公共和居住建筑绿色建筑比例达到 80% 以上
	天津市（不含滨海新区）		水资源对外依存度高，水污染严重	限制高耗水工业行业准入。严格限制畜禽养殖规模，加强对养殖场污水、粪便处置，严禁在河流两侧、水库周边和城市规划区内建设规模化畜禽养殖；中心城区、东丽区、北辰区、武清区、宝坻区、宁河区、蓟州区划为畜禽养殖禁养区，严禁新增规模化畜禽养殖场，现有养殖场 2020 年前完成污水和畜禽粪便处置设施改造，资源化利用率达到 80%
			机动车及生活源对大气污染贡献高，石化行业 VOCs 排放量较大；过境货车、船舶 NO_x 排放影响突出	全市 2020 年煤炭消费占比小于 50%，2035 年煤炭消费占比小于 40%，全面退出所有散煤。中心城区依法划为禁煤区，实现所有燃煤锅炉的燃气替代，2020 年前全面退出散煤。全部工业项目严格落实污染物倍量替代。强化实施机动车总量控制并尽快提高排放标准，重点加强落后车型淘汰，逐步推广新能源汽车；对外环线及以内道路实施更严格的机动车通行限制政策，将天津外环内划为低排区，全天禁止除保障城市生产生活需求以外的国三及以下标准重型柴油车、载货车（新能源车除外）驶入

区域	重点管控单元		问题与压力	环境管控措施
中部核心功能区（北京市、天津市、廊坊市、保定市）	天津市（不含滨海新区）		产城混杂，人居安全保障压力大	严格规范危化品管理，区域内逐步退出危化品的生产、储存、加工机构，加快实施重污染企业搬迁。 查清、修复静海等地工业渗坑对土壤、地下水的污染
	廊坊市	整体	地下水超采，北三河水环境污染严重	以水定城，适度控制环首都区县人口发展规模。 控制畜禽养殖规模，加强对养殖场污水、粪便处置，严禁在河流两侧、水库周边和城市规划区内建设规模化畜禽养殖场
			钢铁、建材等重污染企业及散煤燃烧导致大气污染问题突出	进一步强化重点行业规模控制，加快淘汰落后产能，禁止新增钢铁、建材等项目，2020年前淘汰全部钢铁产能。 加强三河、大厂、香河、霸州等地"散乱污"企业整治，推动工业企业技术改造和转型升级。 强化机动车总量控制并尽快提高排放标准，重点加强落后车型淘汰，逐步推广新能源汽车。 市辖区依法划为禁煤区，实现所有燃煤锅炉的燃气替代，2020年前全面退出散煤
			产城布局不合理带来的人居环境风险问题	严格规范危化品管理，逐步退出人口聚集区内危化品的生产、储存、加工机构，加快实施重污染企业搬迁。 全面查清廊坊工业渗坑对土壤、地下水的污染情况
		三河市、大厂回族自治县、香河县	地下水超采，未来水资源供需保障压力突出	全域划为禁养区，严禁新增规模化畜禽养殖场，现有养殖场2020年前完成污水和畜禽粪便处置设施改造，实现污水、粪便零排放
			城镇空间扩张占用河流廊道两侧生态用地	与北京城市副中心统筹空间规划，加强潮白河、北运河、蓟运河等主要河流廊道生态保护与修复
	保定市	整体	流域水资源开发透支，主要河流断流，水生态功能丧失	节水优先，严格控制雄安新区贴边紧邻乡镇人口规模，到2020年地下水压采量不低于4.6亿立方米；强化流域多水源联合调度，确保主要河流生态流量。 涿州市、涞水县、高碑店市、易县、定兴县、顺平县和保定市辖区划为限养区，严格限制畜禽养殖规模，加强对养殖场污水、粪便处置，严禁在河流两侧、水库周边和城市规划区内建设规模化畜禽养殖场。 府河、孝义河等白洋淀主要入淀河流开展水环境综合治理，加强污水处理厂提标改造，推广生态湿地强化处理技术。因地制宜推动农村生活污水和垃圾处理设施建设
			工业发展水平较低，"散乱污"和散煤影响突出	区域大气环境质量达标前，禁止新建、扩建钢铁、冶炼、水泥项目以及燃煤锅炉，2020年前淘汰全部钢铁产能。 加强全域"散乱污"企业整治，重点排查整治定州、白沟、高阳、蠡县等地的违法违规排污行为，推动工业企业技术改造和转型升级
			河流上游水源涵养能力下降	推进造林绿化、退耕还林和围栏封育等生态工程建设，提高森林覆盖率。 严格控制矿产采选及加工业发展，禁止过度放牧、无序采矿、毁林开荒等行为，加大对矿山环境的整治修复力度

区域	重点管控单元		问题与压力	环境管控措施
中部核心功能区（北京市、天津市、廊坊市、保定市）	保定市	雄安新区及周边地区	白洋淀入淀水量锐减，水污染严重，湿地萎缩	加快对白洋淀流域印染、造纸等中小企业的污染治理工作，现有流域内造纸、化工、食品加工、印染等涉水工业企业按照排污效率水平到 2020 年前淘汰后 50%。
				开展分质供水、供排衔联等新技术应用示范，开展人工污水处理与生态湿地深度净化结合处理方式，全面配套中水回用设施，提高中水回用水平，实现域内循环、梯级利用、趋零排放，保障水质全面提升。
				将雄安新区划为禁养区，按照雄安新区相关规划，严禁新增规模化畜禽养殖场，现有养殖场 2018 年前完成污水和畜禽粪便处置设施改造，实现污水、粪便零排放，逐步取缔畜牧养殖业。
				白洋淀区及最高水位线 1 千米范围内实施退耕还湿，严格禁止生态保护红线区内湖岸带人工化
			"散乱污"和农村散烧煤现象普遍	2020 年前实现雄安新区范围内所有污染工业企业搬迁淘汰。
				依法划定低排区，全天禁止除保障城市生产生活需求以外的国三及以下标准重型柴油车、载货车（新能源车除外）驶入；实现所有燃煤锅炉的燃气替代，2020 年前全面退出所有散煤。
				大力发展轨道交通和公共交通体系，研究制定机动车总量控制策略
			地下水污染超标较严重，部分工业场地土壤重金属超标，危险废物和工业固体废物处理处置压力大	摸清新区生态环境底数，尽快推动污水坑塘、工业污染场地、历史遗存固体废物等高风险源的综合治理和风险防控。
				加强危险废物管理，提高工业固体废物的循环利用和综合处理处置能力。
				实施生活垃圾分类收集，确保垃圾资源化利用率 35% 以上，新区范围内实现原生垃圾零填埋
东部滨海发展区	整体		能源重化工产业集聚区，污染排放集中，船舶、港口集疏运系统大气污染影响突出	实施统一的产业规划、环境保护规划，加强自然岸线和滨海湿地保护。
				重工业向园区内集中布局，强化钢铁、石化等重污染行业空间布局管控，全面提升重点企业集约化、清洁化生产水平，2020 年前淘汰 SO₂、NOₓ 排放强度分别高于 1.4 千克/吨产品和 0.5 千克/吨产品的钢铁生产工序。
				优化港口集疏运系统，完善铁路货运交通体系，加强货运交通管控，逐步实现能源、大宗原材料的铁路港口联运。
				加强对沿海港口停靠船舶污染排放的管控力度，提高港口船舶岸电使用比例，全面推进船用低硫油使用，推动开展船舶尾气脱氮处理，强制实施港口船舶污水废油收集处置
			近岸海域水质差	制定重点海域污染物排海总量控制目标，永定新河、滦河、陡河等主要入海河流实施总氮、总磷排放总量控制试点，明确主要入海河流、沿海排污口主要污染物控制目标。
				制定并实施主要入海河流断面水质保护管理方案，落实各项海洋环境污染防治措施
			生态岸线被占用，入海生态流量不足，围填海造成滨海湿地萎缩	统筹编制岸线保护与利用规划，系统规划和推进湿地修复工程，恢复和扩建滨海湿地，实施生态养殖，开展增殖放流，恢复海洋渔业资源。
				实施海域海岛海岸带整治修复保护工程

区域	重点管控单元	问题与压力	环境管控措施
东部滨海发展区	整体	能源重化工产业布局集中，人居安全隐患较大	严格规范危化品管理，逐步退出人口聚集区内危化品的生产、储存、加工机构，加快实施重污染企业搬迁。加强居住区生态环境防护，建设封闭式石化园区，严格控制危化品仓储基地、运输路径等，减少对居民生活的影响
	天津市滨海新区	钢铁、石化规模大，港口船舶 NO_x 排放贡献高，石化行业 VOCs 排放量较大	石化、钢铁产业在控制现有规模水平的基础上，提高污染治理水平，显著降低重点行业污染物排放总量，强化石化行业 VOCs 排放控制，加强港口船舶、钢铁行业 NO_x 控制。进一步强化南港工业区环境准入管控，实施"清单式"管理，加强与区域的产业协作和统筹发展
		围填海规模大，自然岸线比例低	建立自然岸线保有率控制制度，自然岸线长度不低于 18.63 千米；确立以自然岸线保有率目标为核心的倒逼机制，实施分类保护与利用。清理不合理岸线占用项目，实施岸线整治修复工程，恢复岸线的自然属性和景观。恢复和扩建滨海湿地，整治和改善河口生态环境
	整体	能源重化工产业占比高，排放量大	空气环境质量达标前，禁止新建、扩建新增产能的钢铁、冶炼、水泥项目以及燃煤锅炉。加快遵化等地电镀工业企业技术改造和转型升级
	唐山市	产业布局不合理，工业围城问题突出	乐亭经济开发区、京唐港开发区钢铁项目逐步向丰南沿海工业区转移集中，省内其他钢铁项目优先向沿海工业区转移
		用地粗放，产业布局较混乱	加强现有各类产业园区整合，严格产业环境准入管控，实施不低于疏解地的环境准入和排放标准
	曹妃甸区	规划石化产业规模大，大气环境质量改善压力较大	加快石化、钢铁产业规模化、集约化发展。石化产能规模远期控制在 4 000 万吨以内，强化石化行业 VOCs 排放控制。除首钢京唐钢铁二期等现有项目外，不再新增钢铁项目
		港口货运交通 NO_x 排放大，扬尘问题突出	曹妃甸港 2020 年前停止接收公路运输煤炭
	沧州市	地下水超采严重，农业用水占比高，面源污染贡献大	加大地下水压采力度，到 2020 年地下水开采量压减 30%。泊头市、青县划为休耕区，区域内每年适度休耕；全市划为轮作区，从两年三熟转变为一年一熟的耕作制度，限制高耗水的水稻、蔬菜等种植面积。市辖区、河间市、沧县、东光县、盐山县、南皮县、泊头市、青县除倍量替换外禁止新建、扩建钢铁、化工、造纸、印染、有色金属等高耗水行业
	整体	"散乱污"和散煤问题突出，任丘石化对区域大气污染影响显著	加强市辖区、沧县、青县等地"散乱污"企业整治，推动工业企业技术改造和转型升级。加大白洋淀周边地区生态环境治理和修复力度，2025 年前推动任丘石化向渤海新区搬迁转移
	渤海新区	现有石化产业发展水平较低	进一步强化重点行业规模控制。除承接本市已有产能转移外，不再新建炼油项目，加强石化产业的整合和改造提升。实施不低于疏解地的环境准入和排放标准
		港口货运交通 NO_x 排放大	黄骅港 2020 年前停止接收公路运输煤炭

区域	重点管控单元	问题与压力	环境管控措施
东部滨海发展区	秦皇岛市	NO$_x$减排压力大	严禁新增 NO$_x$ 污染排放工业项目；加快"散乱污"企业和工业大院综合整治。 实施机动车增长控制制度并尽快提高排放标准，重点加强落后车型淘汰，逐步推广新能源汽车
		岸线开发强度加大，近岸海域生态系统功能退化	建立自然岸线保有率控制制度，自然岸线保有率不低于《河北省海洋生态红线》规定的比例；确立以自然岸线保有率目标为核心的倒逼机制，实施分类保护与利用。 清理不合理岸线占用项目，实施岸线整治修复工程，恢复岸线的自然属性和景观。恢复和扩建滨海湿地，整治和改善河口生态环境
南部功能拓展区	整体	地下水超采严重，流域性水污染问题突出，农业面源贡献大	加大地下水压采力度，地下水开采量到 2020 年压减 30%。 有条件的地区推广再生水回用农业灌溉，深入开展雨水资源化利用，城市建成区 20%以上的面积实现降雨的 70%就地消纳和利用，中水回用率不低于 30%。 调整农业生产方式和空间布局，实行耕地休耕轮作制度试点
		我国大气污染最严重的区域，能源重化工产业集中布局，"散乱污"和散煤问题突出	空气环境质量达标前，禁止新建、扩建新增产能的钢铁、冶炼、水泥项目以及燃煤锅炉。 加强能源结构调整，严格控制以煤为原料的生产性工业项目，提高城镇集中供热比例，推广清洁能源替代，加快散煤治理；2035 年地级及以上城市中心城区和重点行业实现无煤化，煤炭消费占比控制在 40%以下。 严格进行产业环境准入，2020 年前淘汰 SO$_2$、NO$_x$ 排放强度高于 1.4 千克/吨产品、0.5 千克/吨产品的钢铁生产工序。 实施采暖季停产、限产计划，钢铁、火电、石化和建材行业等重污染行业冬季限时减产 50%以上
		太行山水源涵养功能有待提升	加强自然森林抚育，继续实施退耕还林还草、三北防护林等重点生态工程。 加强水源涵养林生态修复与自然抚育，改善林种结构，提高落叶阔叶林比例
		人口与产业集聚区空间重叠，耕地污染问题严重，人居安全和粮食安全风险较高	城市规划区范围严格禁止新增重污染工业项目，现有工业大院逐步关停或搬迁至产业园区，加强产城统筹和空间布局的优化。 重点保障南水北调中线、引黄入津和引黄入冀工程清水通道的水环境安全。 尽快开展土壤污染状况详查，重污染企业搬迁后遗留的污染地块，未完成土壤修复前，禁止将土地利用性质由工业向居住、文教、公共等转变，搬迁企业需要将土壤修复作为企业搬迁的前置条件。根据农用地土壤污染物超标及累积性评价，受重金属污染物或者其他有毒有害物质污染的农用地，达不到国家有关标准的，禁止种植食用农产品
	石家庄市	子牙河流域平原区地下水超采和水污染严重，部分地区工业废水治理水平较低	加强工业企业技术改造和转型升级，实施中小企业入园发展，完善园区基础设施建设。 地下水超采区禁止新建、扩建新增产能的钢铁、化工、造纸、纺织、有色金属等高耗水行业

区域	重点管控单元	问题与压力	环境管控措施
南部功能拓展区	石家庄市	"工业围城",化工企业VOCs排放量大。机动车NO$_x$排放占比较高	进一步强化重点行业规模控制,加快淘汰落后产能,新增产能实行倍量替代,对焦化、电解铝等重污染行业实施产能压减。 2020年前实现化工企业转移搬迁,2025年前完成石钢基地搬迁,推动石化产业向沿海和区域外搬迁转移。 强化机动车总量控制并尽快提高排放标准,重点加强落后车型淘汰,逐步推广新能源汽车
	邢台市	地下水超采和农业面源污染严重。污水收集、处理系统不完善,标准较低	限制高耗水行业准入,新增工业项目实施污染物倍量替代,禁止新建、扩建新增产能的钢铁、化工、建材、造纸、纺织、有色金属等行业高耗水项目,对焦化、电解铝等重污染行业实施产能压减。 开展耕地轮耕休作制度试点,威县、清河县、临西县、南宫县、宁晋县每年休耕的耕地面积比例不低于10%
		能源重化工产业占比高,产城混杂	推动沙河市建材等工业企业入园发展,技术改造和转型升级。 邢台钢铁企业按照水、气、土、地下水环境要求实施深度治理和技术改造,根据区域环境质量目标倒逼企业转型升级或搬迁转移
	邯郸市	能源重化工产业占比高,产城混杂	推动"散乱污"企业整治和中小企业入园发展,优化产城空间布局。 邯郸钢铁企业按照水、气、土、地下水环境要求实施深度治理和技术改造,根据区域环境质量目标倒逼企业转型升级或搬迁转移
		矿产资源开发生态保护压力较大	加强太行山生态保护与森林抚育,严禁露天矿无序开采,加强矿山生态修复治理
	衡水市	地下水超采和农业面源污染严重	限制高耗水行业准入,新增工业项目实施污染物倍量替代,禁止新增耗用新鲜水量大的钢铁、化工、造纸、纺织、有色金属等项目。对焦化、电解铝等重污染行业实施产能压减。 在市辖区、武邑县、故城县、阜城县、景县等地开展休耕轮作制度试点,从两年三熟调整为一年一熟的耕作制度,限制高耗水的水稻、蔬菜等种植面积,每年休耕的耕地面积比例不低于30%
		工业发展水平较低,"散乱污"和散煤影响突出	加强"散乱污"企业整治和中小企业入园发展,推动工业企业技术改造和转型升级
		衡水湖湿地面积萎缩	加强衡水湖生态修复和综合治理
西北部生态涵养区	整体	河流上游水源涵养区水环境安全保障压力较大	严格水污染排放项目的环境准入要求,提高工业企业排放标准。 加强河流上游地区水源涵养和生态修复,加强森林抚育和林种改造,提高水源涵养能力。 加大主要河流沿线和重点水库周边生态环境综合整治,清理围网、拦网和网箱养鱼设施。 主要水库和水源涵养区范围内严格限制畜禽养殖规模
		中心城区产城混杂布局,局部大气环境影响显著	严禁在城市规划区外设立各类开发区和新城新区,加快实施钢铁、石化等重污染企业搬迁,加快各类园区整合与中心城区产业搬迁转移

区域	重点管控单元	问题与压力	环境管控措施
西北部生态涵养区	整体	生态敏感性和重要性高，城镇建设、工业生产和矿产资源开发的生态保护压力突出	加强自然森林抚育，继续实施风沙源治理、退耕还林还草、三北防护林、首都水资源恢复和保护等重点生态工程。 加强水源涵养林生态修复与自然抚育，改善林种结构，提高落叶阔叶林比例。禁止侵占水面行为，保护好河湖湿地，最大限度保留原有自然生态系统
	张家口市	重点产业技术水平较低，中心城区产城混杂布局	火电、建材行业近期以国内先进水平作为整改技术要求，一律不得新增项目建设。2020 年前实现张家口所有钢铁、化工企业淘汰或搬迁转移
		2022 年冬奥会场地地区生态环境保护压力较大	加强对冬奥会运动场馆区和雪场及周边区域的生态环境保护
	承德市	潘家口—大黑汀水库富营养化问题突出	市辖区、承德镇、双桥区划为禁养区，严禁新增规模化畜禽养殖场，现有养殖场 2019 年前完成污水和畜禽粪便处置设施改造，实现污水、粪便零排放
		中心城区产城混杂布局	禁止新建、扩建钢铁、冶炼、水泥项目以及燃煤锅炉，2020 年前淘汰 SO_2、NO_x 排放强度高于 1.4 千克/吨产品、0.5 千克/吨产品的钢铁生产工序。 加强承德钒钛钢铁企业技术升级改造，有条件的情况下实施搬迁转移